NATURALISTIC PLANTING DESIGN　　The Essential Guide

아름답고
생태적인 정원을 위한　**자연주의 식재디자인**

목수책방
木水冊房

지은이　나이절 더닛
옮긴이　박소현, 박효근, 주이슬, 진민령

책을 읽기 전에

책의 이해를 돕기 위해 번역자들이 선택한 주요 한글 용어의 개념과 의미를 정리했습니다(가나다순). 식물 이름은 국립수목원의 국가표준식물목록KPNI, www.nature.go.kr/kpni/index.do을 기준으로 하되, 학명은 최대한 저자가 기재한 원문의 분류를 따랐습니다. 재배품종 이름은 국가표준식물목록을 참조했으나, 명명된 원어의 발음과 크게 다른 경우 외래어표기법과 용례를 준용했으며, 국명이 국가표준식물목록에 등재되어 있지 않은 경우 지침에 따른 라틴어 발음으로 기재했습니다.

관목지대 shrubland, scrubland, scrub, brush

shrubland와 scrubland는 모두 관목지대 또는 관목림을 의미하지만, shrubland는 주로 지중해성 기후같이 건조한 환경의 지역에서 나타나는 곳으로 관목과 작은 교목만 빽빽하게 자라는 식생을 의미하고, scrubland는 호주, 남아프리카, 지중해 일부 지역, 미국 일부 지역 등 건조한 환경에 적응하여 고온과 가뭄에 강한 관목, 주로 2미터 이하의 관목이 조밀하거나 듬성듬성 나타나는 식생을 일컫는다. 본문에는 scrub과 brush라는 단어도 등장하는데, 이는 관목을 의미하는 'shrub'와 유사하다. 맥락에 따라 건조한 곳에 낮은 관목이 드문드문 자라는 관목림을 지칭하기도 한다.

군락 community, 군집 assemblage

생태학이나 산림청의 〈산림임업용어사전〉에서는 community를 주로 '군집'으로 번역하고 있지만, 이 책에서는 특정 자생지에서 공존하며 같은 원리나 상호작용으로 발생하는 식물종의 집합을 의미하는 '군락'으로 옮겼다. 이 책에서 assemblage는 특정 위치나 생태환경에서 같이 나타나는 식물종의 집합이라는 의미인 '군집'으로 옮겼다.

매스 mass, 덩어리·뭉치 clump, 그룹 group, 집단 cluster

이 책에는 식물이 모여 있는 무리를 나타내는 개념으로 mass, clump, group, cluster 등이 사용되었다. 모두 유사한 개념 같지만 차이가 있다. 어떠한 물체를 구성하는 물질의 양, 즉 질량을 뜻하는 mass는 식재디자인에서 보통 부피감, 덩어리감 등으로 표현하는 경우가 많은데, 기본적인 양감量感, volume을 의미한다. 주로 식물을 표현할 때 사용되는 용어인 clump는 촘촘히 붙어 자라는 나무 등의 무리나 무더기, 식물 자체 또는 꽃이나 잎 등이 뭉쳐져서 이루는 덩어리라는 느낌이 강하다. group은 공통된 특징을 공유하는 개체나 단체의 집합이며, cluster는 서로 유사하거나 관련 있는 개체나 단체의 집합이다. 식재디자인에서 group은 같은 종류의 식물 모음을 의미하며, cluster는 서로 가까이 위치하거나 특정하게 무리를 지어 놓은grouping 식물 모음을 의미한다. 책에서 이러한 개념들은 비슷한 의미로 사용되기도 하는데, 원문을 최대한 살리고 보다 정확한 의미를 전달하고자 각각 다르게 옮겼다. mass와 group은 '매스'와 '그룹'으로 옮겼고, cluster는 '집단', clump는 '덩어리' 또는 '뭉치'로 옮겼으며, 두 용어 모두 문맥상 '무리'라 옮기는 것이 자연스러운 경우 영문을 병기했다.

새로운 여러해살이풀 운동 New Perennial Movement

자연에서 영감을 받아 다양한 여러해살이풀로 풀어낸 자연주의적 식재디자인 철학이자 사조로, 1980년대 초기에 네덜란드와 독일의 정원가들이 이끈 식재디자인의 흐름을 말한다. 당시 네덜란드는 잦은 관리가 필요한 산업화된 원예에서 벗어나려 했고, 지역 개발 때문에 자연에서 야생화들이 빠르게 사라져 가는 모습을 보고 경각심을 가지게 되었다. 이 운동을 주도한 정원가들은 최소한의 관리, 겨울에도 안정적인 정원, 모든 계절에 아름다운 여러해살이풀과 그라스의 잠재력에 주목했으며, 이를 이용하여 새로운 식재디자인을 선보였다.

소림疏林, woodland

woodland는 "임관의 울폐도가 최소 10퍼센트에서 최대 60~80퍼센트 정도 되는 식생"을 의미한다. 즉, 수관과 수관이 서로 접하여 이루고 있는 임관canopy의 폐쇄 정도를 나타내는 울폐도crown density가 그리 높지 않은 '트인 숲'을 의미한다. 이 책에서는 소림이라 옮겼다.

숲지붕canopy

canopy는 보통 어떠한 대상의 윗부분을 덮는 것을 의미한다. 식물의 canopy는 가지와 잎이 달려 있는 수관crown이 모여 서로 붙어 있거나 겹쳐져 있는 것을 말한다. 주로 키가 큰 교목을 대상으로 '임관林冠'이나 '엽층부' 등으로 표기하며, 초본의 경우 '초관草冠' 등으로 표현하기도 한다. 이 책에서는 canopy를 기본적으로 식물과 숲의 식생 구조를 의미할 경우 '숲지붕'으로 옮겼으며, 아래 층위layers를 덮는 기능이 강조될 때에는 '캐노피'로 옮겼다.

자생지·서식처habitat

보통 habitat는 "생물 따위가 자리를 잡고 사는 일정한 장소"를 의미하는 '서식지棲息地'를 말한다. 하지만 이 책에서는 식물의 경우 인간의 개입 없이 저절로 나서 자라는 곳을 의미하는 '자생지自生地'라 옮겼고, 곤충이나 동물의 경우 서식지의 '地'가 '땅'에만 한정될 수 있어 하천이나 바다와 같은 수水 환경을 포괄하며 서식 공간 또는 삶터의 의미를 내포하고 있는 '處'를 사용하며 '서식처棲息處'라 옮겼다.

초원grassland

남극을 제외한 전 세계적으로 다양한 기후대의 지역에서 발생하는 다년생 초본 식생, 주로 화본과 식물이 비교적 큰 규모로 우점하는 지역을 보통 grassland라 한다. 우리나라 말로는 '풀이 나 있는 들판'을 의미하는 광활한 '초원'으로 옮겼다. 초원은 기후에 따라 다양한 형태를 띤다. 반건조 기후부터 습한 기후의 지역까지, 다양한 곳에서 나타나는 온대 초원은 유라시아에서 발견되는 스텝steppe, 북미의 프레리prairie, 남아메리카의 팜파스pampas, 남부 아프리카의 벨트veld 등이 있다. 주로 열대·아열대 지역에 있는 사바나savanna는 그라스가 완전히 지면을 덮고 있고 그 위로 교목과 관목, 야자수가 흩어져 있기도 한 초원을 의미한다.

초지meadow

초지라 번역한 meadow는 농업 분야에서 인간이 개입하는 문화적인 초원 식생 유형으로, 보통 목초지pasture와 비슷한 의미로 사용하지만 분명하게 구분된다. 농부들은 가축에게 먹일 건초를 마련하기 위해 들판을 관리해야 한다. 따뜻한 계절에 왕성하게 자라는 풀을 가축이 먹을 수 있도록 풀어놓은 초원을 목초지라고 하며, 여름철 풀이 무성하게 자라도록 방치한 뒤 겨울철 사료 공급을 위해 풀을 베어 말려 저장할 수 있도록 놔둔 초원을 초지라고 한다.

픽처레스크picturesque

픽처레스크의 사전적 정의는 '그림 같은'이다. 여기서 그림은 18세기 영국에서 유행하던 풍경화를 말한다. 당시 영국의 상류층에서는 교양을 쌓고 견문을 넓히기 위해 유럽을 다녀오는 그랜드 투어grand tour가 유행했다. 그들이 방문한 일부 고전적인 장소들은 방치되고 황폐해져 가고 있었지만, 여행을 하는 이들은 오히려 이러한 풍경에 매력을 느꼈다. 폐허와 어우러져 강조되는 이상적인 자연을 담아낸 풍경화에 열광했으며, 정원·조경디자인에 관한 담론도 아주 활발하게 만들어졌다.

향상된 자연 enhanced-nature

단순히 자연을 재현한 것이 아닌 인간의 감정적 반응, 애착을 불러일으킬 수 있도록 '향상시킨' 자연을 의미한다. 향상된 자연은 자연에서 포착한 숭고함, 고양감, 즐거움과 그 안에서 경험한 다양한 감각을 풀어내 자연에 몰입하는 경험을 선사한다. 나이절은 이 개념을 자연스럽지 않은 자연에 익숙해진 현대인이 자연을 '자연답게' 즐길 수 있게 만들어 주는 공간을 설명할 때 가장 필요하고 적합한 개념이라고 생각하며, 향상된 자연을 일상의 도시로 들여오는 일을 위해 노력하고 있다.

참고문헌

- 국립국어원 표준국어대사전
- 국립수목원, 〈알기 쉽게 정리한 식물 용어〉, 2010.
- 김종원, 《한국식물생태보감1: 형태용어사전》, 자연과생태, 2013.
- 농촌진흥청 농업용어사전
- 산림청 산림임업용어사전
- 피트 아우돌프·노엘 킹스버리 지음, 오세훈 옮김, 《식재디자인》, 목수책방, 2021.
- 피트 아우돌프·행크 헤릿선 지음, 오세훈·이대길·최경희 옮김, 《자연정원을 위한 꿈의 식물》, 목수책방, 2020.
- BRIG Biodiversity Reporting and Information Group, 〈UK BAP_Report on the Species and Habitat Review〉, 2007.
- Classification and Description of World Formation Type, USDA, 2016.
- Steve Nicholls, 《Flowers of the Field – A Secret History of Meadow, Moor and Wood》, An Apollo book, 2019.
- United States National Vegetation Classification.

서문

나는 나이절이 새내기 연구원이었을 때부터 지금까지 그의 행보를 지켜보았다. 그와 함께 수많은 워크숍, 세미나, 콘퍼런스에 참여하면서 식재디자인, 특히 사람들에게 강렬하고도 환상적인 감정을 불러일으키는 자연주의 식재에 대한 우리의 견해와 관점이 매우 비슷하다고 느꼈다. 자연의 감성을 전하되 세밀한 과학적 연구를 기반으로 아름다운 정원과 경관을 조성하는 그의 방법에 나는 감명받았다.

나이절은 개인 정원 분야에서 일하면서도 도시와 공공 장소에 자연주의 식재를 도입하는 일에 열성적인 몇 안 되는 디자이너 중 한 명이다. 이런 일이 만만치 않다는 것을 나도 잘 알고 있다. 하지만 기후변화를 겪고 있는 현시점에서 이런 노력은 큰 의미가 있으며, 나이절의 '저투입, 고효과low-input, high-impact' 아이디어는 매우 중요하다. 이 책에는 옥상정원, 빗물정원, 도심 초지meadow를 비롯한 그의 탁월한 공공정원 사례가 다수 수록되어 있다.

나는 나이절이 일찍부터 식물에 관심을 두게 된 경위를 흥미롭게 읽었다. 그는 어렸을 때부터 자연경관을 경험하면서 얼마나 감탄하고 경외감에 사로잡혔는지 이야기한다. 그가 성장기에 했던 이런 경험은 수십 년 동안 야생 식물군락plant communities을 관찰하고 연구하는 일로 이어졌다. 이 책의 가장 흥미로운 부분 중 하나는 나이절이 중국에서 단 한 곳의 초지를 관찰한 후 그로부터 놀라울 정도로 많은 원칙을 이끌어 내 이를 식재 방법의 기반으로 삼은 점이다.

자연주의 식재디자인은 내가 식물을 다루며 평생 몸담아 온 영역이다. 이 분야는 무한한 가능성의 세계이자 끝없는 기쁨의 원천이다. 우리는 이 끊임없이 변화하는 분야에서 항상 발전을 추구하고, 가능성의 범위를 확장하며, 이전의 토대 위에 흥미진진하고 새로운 개념들을 쌓아 올려야 한다. 이 책은 틀림없이 자연주의 디자인이 한 걸음 더 발전할 수 있는 발판을 제공할 것이다. 또 많은 미래 세대 디자이너와 정원사가 환경을 고려한 접근법을 활용해 식재를 할 때 새롭고 신선한 사고를 받아들이도록 도와줄 것이다.

2018년 12월 후멜로에서
피트 아우돌프Piet Oudolf

들어가는 글
introduction
013

014 사람을 위한 식재디자인
식재디자인이라는 하나의 예술 형태 | 필수적인 식재디자인
자연에서 얻는 영감 | 식물군락에서 배우기
공간 채우기? 공간 만들기? | 친밀한 공간 만들기
인간은 로봇이 아니다

007 서문

나의 시작
From the Beginning
027

028 식물과 처음 마주하다
정원 VS 자연 | 자연의 단계 | 픽토리얼 메도 이야기
올림픽파크의 초지 | 중국 | 실험 기간 | 북아메리카
셰필드대학교 | 셰필드학파 | 저투입 고효과 식재
054　사례 연구: 암스텔베인 헴파크

현대 자연주의의 이해
Understanding Contemporary Naturalism
059

060 자연을 통제하다
픽처레스크 | 모더니즘

065 현대 자연주의의 세 가지 유형
인상주의적 자연주의 | 기술주의적 자연주의
모더니즘적 자연주의

075 앞으로 나아갈 길

자연 읽기
Reading Nature
077

078 자연의 식물군락
자연적? 준자연적?

081 경관의 구성 요소

082 바닥층
바닥층 군락 사례

084 벽층
기둥

086 천장층

088 자연에서 온 식재디자인 원리
3의 힘 | 색의 분출 | 생물계절학 | 자연의 층위 | 흐름과 띠무리
모호한 경계 | 교차 | 무게 중심 | 반복과 리듬 | 복잡한 경계
몰입적인 경험 | 문화적 맥락

106 식물전략이론
스트레스와 교란 | 생산성과 안전성 | 다양성

식재디자인의 도구
Planting Design Toolkit

111

112 공간 만들기

115 구성 요소

117 선
122 사례 연구: 트렌텀가든 소림정원

126 혼돈 속 질서

128 유니버설 플로

129 힘과 흐름
힘이 식재를 결정한다 | 무게 중심 원리 | 비결은 혼합에
식물 구조 유형 | 앵커 유형 | 위성 유형 | 유랑 유형
적합성 | 식물 생장 형태
148 사례 연구: 올림픽파크의 스티치 식재

152 층위
올림픽파크의 유럽정원

157 질서
외부적인 질서 | 올림픽파크의 아시아정원
버킹엄궁전의 다이아몬드가든 | 직선과 곡선
내부적인 질서 | 색채 | 투명성

176 파동
역동적인 자연주의 식재를 관리하는 법

미래의 자연
Future Nature

179

180 과감한 접근 방식

184 빗물정원과 물 순환 디자인
나의 앞뜰 | 빗물홈통을 분리하자! | 존 루이스 빗물정원
런던습지센터 빗물정원 | 셰필드 그레이 투 그린 프로젝트

198 건조 식재: 옥상정원, 지붕녹화, 포디움 조경
로더럼의 무어게이트 크로프츠 | 셰필드의 샤로스쿨
셰필드대학교 캠퍼스의 가든오브풀드탤런츠
206 사례 연구: 바비칸 비치가든

220 생명의 그물망
나의 정원

재배 지침
Cultivation Guidelines

227

228 부지 준비
멸균 멀칭재

230 식재와 파종
식재 후 활착 | 파종
236 사례 연구: 올림픽파크의 판타스티콜로지 구역

240 초지 조성하기

244 여러해살이풀 유지하기

246 왜림 관리

248 맺음말

250 감사의 말

251 추천 도서

252 역자 후기

253 찾아보기

들어가는 글 Introduction

우리는 자연과 아주 긴밀하고 단단하게 연결되어 있다. 자연은 우리의 근본이자 원천이고, 필연적인 운명이며, 우리를 완전하다고 느끼게 해 주는, 없어서는 안 될 존재다. 우리가 자연을 원하는 것은 전혀 놀랄 일이 아니다. 인간은 자연의 일부다! 정원을 만들고, 황량한 여건에서조차 푸르른 환경을 조성하려는 인간의 욕망은 인간과 자연의 타고난 연결 관계를 가장 잘 보여 준다. 식물을 이용한 디자인과 자연을 우리만의 방식으로 표현하는 일은 생명이라는 큰 그림의 일부가 되고 싶은 우리 안에 존재하는 열망에 한 발짝 다가가게 한다. 나에게 식재디자인이 매우 중요한 이유가 바로 여기 있으며, 더 나아가 우리의 미래에도 식재디자인이 필수적이라고 장담할 수 있다. 나는 단순히 기능적인 것을 만들거나, 공간을 채우거나, 자연을 모방하려는 것이 아니며, 단지 아름다운 것을 만들려는 것도 아니다. 나의 목표는 우리 내면 깊숙한 곳에 있는 근본적인 무언가를 끌어당기는 것이며, 무엇보다도 감정, 특히 매우 긍정적인 감정을 불러일으키는 것이다. 내가 만든 경관, 정원, 식재가 그런 일을 가능하게 만드는 것은 아주 멋진 일이다.

영국 런던의 퀸엘리자베스 올림픽파크Queen Elizabeth Olympic Park(이하 올림픽파크) 도심 초지. 우리는 식물군락이 어떻게 작동하는지를 이해하고 그로부터 영감을 얻어, 숨이 멎을 듯 아름답게 설계된 다양한 식물군락을 만들 수 있는 유례없는 기회를 얻었다. 디자인: 나이절 더닛

사람을 위한 식재디자인

이 책은 식물로 가득한 정원과 풍경을 만들고, 자연과 호흡을 맞추어 가장 아름답고 경이로우며 즐거움과 행복을 느끼게 해 주는 매력적인 장소를 만드는 방법을 다루고 있다. 공간을 단순히 녹색으로 채우는 것이 아니라, 자연의 모습을 떠올리게 만드는 것이다. 이는 자연 세계의 에너지와 힘, 그리고 우리가 자연과 맺고 있는 관계를 예찬하는 일이다. 또 다채로운 방식으로 식물을 다루어 우리 자신이 자유로움을 느끼고 힘을 얻는 일이기도 하다. 나는 세심하게 고려된 자연주의 식재naturalistic planting가 다른 유형의 식재로는 닿을 수 없는 우리의 내면을 어루만진다고 믿는다. 우리는 자연주의 식재 안에서 사뭇 다른 방식으로 상호작용하고, 이는 우리 내면에 색다른 감정을 불러일으킨다. 그래서 이 책은 자연과 주변 환경에 조화로운 장소를 만들기 위해 새로운 환경적 관점으로 아름다움과 의미를 결합하는 식재디자인의 길잡이 역할을 할 것이다.

식물을 이용한 디자인을 하는 나의 주요 목표 중 하나는 보는 사람에게 정서적 반응을 이끌어 내는 것이다. 특히 압도적인 아름다움과 따뜻함, 경외감, 활력, 황홀함을 자아내기 위해 많은 노력을 기울인다. 그러나 나는 이보다 훨씬 더 나아가 식재디자인이 삶의 질을 높이고 심지어는 삶을 변화시킬 수 있다고 믿는다. 왜냐하면 식재디자인은 우리 모두가 쌓아 올린 억눌린 생각과 관습의 벽을 뚫고 마치 그림이나 조각품, 음악이 그러하듯 어린아이 같은 순수한 기쁨과 자유를 주기 때문이다. 그러나 그 어떤 소재와도 다르게 식물은 살아 있고, 역동적이며, 시간의 흐름에 따라 변화한다. 이런 특징들은 모두 흥미롭지만 동시에 도전적인 과제이기도 하다.

식재디자인이라는 하나의 예술 형태

나에게는 식물을 다룰 때 늘 염두에 두는 몇 가지 금언金言이 있다. 첫 번째는 '자연과 호흡 맞추기'다. 여기서 '자연과 호흡을 맞추다tuned to nature'라는 말은 대체로 자연주의라 부르는 방식으로 식물을 활용하는 것을 의미한다. 하지만 자연주의적이고 생태적인 영감을 받은 식재디자인의 세계는 수많은 기술적인 사항에 얽매이기 쉽다. 매년 무수히 많은 혼란스러운 용어와 방법 때문에 점점 더 복잡해지는 듯하다. 실제로 가끔은 '왜' 그렇게 해야 하는지에 관한 치열한 논쟁보다 '어떻게' 해야 하는지에 관한 상세한 세부 사항으로 가득하다. 가장 중요한 점은 우리가 왜 해야 하는지를 놓치지 않는 것이다. 이런 점에서 나의 금언 첫 부분이 의의가 있다. 예술 작품이 그러하듯, 식재는 사람들에게 감동을 주고, 매료시키며, 즐겁게 해야 한다는 사실을 잊지 말아야 한다. 그리고 이런 점을 가장 우선순위에 두어야 한다. 갈수록 복잡하고 더 좁아지는 공간에 적응해야만 하는 이 세상에서 정원이 가치 있는 공간이 되려면 무엇보다 먼저 정원이 사람을 위한 곳이어야 하기 때문이다.

우리는 자연주의적 접근법을 큰 규모의 공간뿐만 아니라 작은 규모의 공간에도 적용할 수 있도록 통합하는 방법을 찾아야 한다. 또 친밀한intimate 공간이 무엇인지 고민해야 하며 휴먼 스케일human scale, 인간 신체의 감각이나 움직임, 체격을 기준으로 한 공간이나 물체의 크기에 맞게 디자인해야 한다. 어떤 크기의 공간이 주어져도 마찬가지다. 이것이 이 책이 강력한 환경 윤리에 기반을 두고 있음에도 불구하고 사람을 우선시하면서 타협하지 않고 자연주의를 강조하는 식재 철학을 풀어내는 이유다. 이 철학은 전혀 새로운 것이 아니다. 우리는 이미 수십 년 전부터 현대의 자연주의 식재디자인, 구체적으로 말하자면 '새로운 여러해살이풀 식재New Perennial Planting'라 부르는 흐름 속에 있었다. 이 용어는 실제로 매우 다양한 스타일과 접근법을 다루며, 각각 고유한 전문용어와 설계 원칙이 있다. 이 책의 중요한 목표는 이러한 복잡성을 정리하고 정수만 뽑아내 좀 더 직관적인 용어와 원칙을 만드는 것이다. 그러나 그보다 먼저 자연주의 식재 운동 전반에 걸쳐 지금 우리의 현 위치를 살펴볼 필요가 있다. 또 우리는 더 나아가 '새로운 여러해살이풀 운동New Perennial Movement'의 원리를 활용해 여러해살이풀뿐만 아니라 모든 종류의 식물을 포용할 필요가 있다.

1. 미국 뉴욕의 하이라인The High Line은 매우 밀집된 도심에 대규모 녹색환경을 더하면 경제적·사회적·환경적 이점이 된다는 사실을 보여 주었다. 디자인: 제임스 코너 필드 오퍼레이션스James Corner Field Operations와 피트 아우돌프
2. 영국 런던의 바비칸Barbican처럼 매우 도시적인 곳에서도 활기찬 느낌을 주며 깊이 빠져들게 하는 자연주의적인 환경을 조성할 수 있다. 식재디자인: 나이절 더닛

필수적인 식재디자인

'필수적인 식재디자인: 건강한 도시와 살기 좋은 장소 만들기'라는 나의 두 번째 금언은 얼핏 보기에 앞의 금언과는 꽤 다르다. 첫 번째 금언과 모순되는 것처럼 보일 수 있지만, 이 두 가지는 상당히 연관이 깊다. 우리는 식재디자인이 도심 환경을 부드럽게 만들어 주는 장식적인 요소로서 있으면 좋지만 중요하지 않다는 생각에서 벗어나야 한다. 나는 나의 작품으로 매우 다른 관점을 설파하려 노력했다. 식물이 가득한 생활 경관을 만들어 내는 일은 마지막에 곁들이는 것이 아닌 가장 중요한 출발점이다. 사소하게 여기면 안 되는, 사실상 매우 진지한 문제다. 도시의 중심부든 외딴 시골이든, 공공장소나 개인 정원이든, 식재디자인은 건강하고 살기 좋은 장소를 만드는 데 가장 결정적인 요소다. 우리는 식재디자인에 관한 인식을 '있으면 좋은 것nice-to-have'에서 타협 불가능한 '반드시 가지고 있어야 할 것must-have'으로 바꾸어야 한다.

토양과 식물의 조합이 우리 인간과 광범위한 생명의 그물망web of life에 많은 이점을 가져다주기 때문에 식재디자인은 반드시 필요하다. 식재디자인에는 자연과 호흡을 맞추어 식물을 심을 수 있는 엄청난 기회가 있다. 물론 어떤 식물이든 그에 따른 이점이 있겠지만, 이 책의 원칙에 따라 심는다면 기능이 극대화되고 더 넓은 의미로는 지속 가능할 것이다. 식재디자인 분야는 아직 충분히 다루어지지 않았기 때문에 그 잠재력이 무궁무진하다. 아름답고 창의적인 식재디자인이 정원의 울타리와 공원의 경계를 뛰어넘어 불과 얼마 전까지만 해도 상상조차 할 수 없었던 거리와 다른 장소까지 확대될 수 있다. 다시 우리의 두 가지 목표로 돌아와 보자. 우리에게는 일상생활 환경을 훨씬 더 건강하고 친환경적인 동시에 눈부시게 놀라운 곳으로 만들 기회가 있다.

일상생활의 다양한 측면에 가능한 한 풍부하게 식물과 식생vegetation(특정 지역이나 환경의 식물)이 스며들게 하면, 많은 사람이 잃어버렸던 자연과의 관계를 다시 회복할 수 있다.

픽토리얼 메도Pictorial Meadows(나이절 더닛의 아이디어로 시작된 사회적 기업이 셰필드대학교, 그린 이스테이트 커뮤니티 인터레스트 컴퍼니와 협력하여 자연주의적인 경관 조성과 관리를 위해 새로운 접근법으로 연구하고 개발한 혼합씨앗과 뗏장 제품) 혼합씨앗이 사용된 영국 셰필드의 주택단지. 일상생활에 적용된 즐겁고 다채로운 자연주의 식재는 알게 모르게 우리 내면 깊은 곳에 존재하는, 때로는 동심으로 돌아간 듯한 자연과의 유대감을 일깨워 준다.

자연에서 얻는 영감

자연주의 방식으로 작업한다는 것은 말 그대로 자연에서 영감을 얻는 것이다. 하지만 이 말에는 여러 의미가 있다. 어떤 사람들은 문자 그대로 특정 경관이나 식물군락의 본질을 자세하게 재현하는 데 중점을 둔다. 이를 위해 '생물지리학적biogeographic' 접근법을 따를 수 있는데, 한 지역의 식물군락을 연구하여 다른 지역의 적합한 생태환경 조건에서도 사용할 수 있도록 디자인적으로 응용하는 것이다. 예를 들어, 2017년 출간된 제임스 히치모James Hitchmough의 책 《아름다움을 심다: 파종으로 디자인하는 꽃 피는 초지 Sowing Beauty》에서는 실제 자연에서 발견되는 식재군집에서 영감을 얻어 새로운 식재의 기초를 만들 수 있도록 북아메리카, 유럽, 아시아, 남아프리카의 다양한 생물지리학적 식물군락의 광범위한 종 목록을 수록했다.

생물지리학적 접근법의 일환으로 전 세계의 자생식물 식재 운동을 포함할 수 있다. 이 운동은 식재디자인을 할 때 해당 지역에 적합한 자생식물종으로만 구성해야 한다고 제안한다. 가장 순수한 형태의 복원 생태학이나 서식처 조성이라는 접근법 안에서는 디자이너가 지역 식물군락을 대표하는 자생식물만 이용할 것이다. 이런 접근법은 아마 특정한 경관이나 식물군락에서 느낄 수 있는 미적 즐거움에서 영감을 얻을 것이다. 그러나 자생지에서 종종 수천 미터나 떨어진 곳에서 디자인으로 이러한 식물군락을 재현하는 일은 고도의 과학적인 시도다. 따라서 나는 앞서 언급한 식재디자인을 위한 '자연에서 얻는 영감natural inspiration'의 한 요소를 '분류학적taxonomic'이라 부른다. 특정 자연 식물군락을 구성하는 식물 목록을 만든 다음, 새로운 식재를 구상할 때 기초로 활용하는 것이다. 이러한 방식의 근거는 이런 종들이 같은 환경에서 함께 진화했고, 자연스럽게 같이 잘 자란다는 사실에 있다.

나는 식재디자인을 할 때 야생 초지의 식물군락에서 주로 영감을 얻는다. 중국 쓰촨四川의 들판에 피어난 이리스 불레이아나Iris bulleyana의 보라색 꽃과 페르시카리아 비스토르타Persicaria bistorta의 분홍색 꽃의 색상 조합이 아름답다.

물론 완전히 다른 방식으로 자연에서 영감을 얻을 수도 있다. 나는 '분류학적 생태학taxonomic ecology'보다 '시각적 생태학visual ecology'의 관점에서 생각하는 것을 좋아한다. 그저 야생에서 보았을 법한 무언가를 재현하려는 것이 아니다. 대신 자연 식물군락에서 나타나는 배열 방식을 반영하는 형태, 질감, 색상, 미학을 이용하되 이를 생태학적 미학을 형성하는 시작점으로 보는 것이다. 우리가 구할 수 있는 다양한 식물을 활용하여 새로운 유형의 설계된 자연, 다시 말해 일종의 인공적인 자연인간이 만든 자연을 구현해보고자 한다. 그뿐만 아니라 기후와 환경 변화로 불확실한 이 시기에, 앞으로 수년 또는 수십 년 내에 겪을 것으로 예상되는 조건에 적응할 수 있는 미래의 자연을 만들고 싶다. 그래서 이 책에서는 자연을 떠올리고 경관의 혼을 담아 고도로 설계된 인공적이고 현대적인 공간에 자연 요소를 접목할 방법과 여러 기술을 다룰 것이다.

1. 같은 식물로 채워진 광활한 부지. 첫눈에는 극적으로 보이지만, 곧 단조롭고 과하게 느껴진다.

식물군락에서 배우기

자연경관이 우리의 내면에 불러일으킬 수 있는 정서적 반응 중 가장 심오하고도 활기찬 면을 포착해 북돋우는 것이 가장 핵심이다. 그러기 위해 실제로 존재하는 특정 식물군락을 재현할 필요는 없다. 무언가가 자연스러움을 갖추었다고 생각하게 만드는 시각적 신호나 단서를 이해하는 것이 중요하다.

내가 자연에서 영감을 받았다는 말은, 다른 무엇보다 특정 유형의 자연 경험이 불러일으킨 정서적 반응에서 영감을 받았음을 의미한다. 또 이 영감은 식물군락의 역동적이고 활기차며 강한 생명력과 하나의 체계로 작동하는 이들

의 모습에서 비롯된 것이기도 하다. 상호작용체계를 이루고 있는 여러 개별 요소가 합해져 전체를 이루는 것이 이들의 본질이기 때문이다. 자연 식물군락의 기본 작동원리를 이해하는 것은 최소한의 자원만을 요구하는 지속 가능한 식재를 달성하기 위한 가장 확실한 방법이다. 나는 이것을 '저투입, 고효과low-input, high-impact' 식재라 부르며 내 작업 방식의 토대로 삼고 있다.

공간 채우기? 공간 만들기?

자연주의와 식물군락을 기반으로 하는 디자인에 대한 조언은 대부분 공간 채우기에 관한 것 같다. 달리 말하면, 주어진 영역을 차지할 특정 식물의 혼합이나 군집을 소개하는 것이다. 하지만 마루나 카펫으로 바닥을 덮듯 단순히 공간을 채우는 것은 물론, 식재디자인도 공간을 만드는 일, 다시 말해 처음부터 진짜 방을 만드는 일로 생각해야 한다! 식물이 풍성한 정원과 경관은 식물로 가득 채워질 뿐만 아니라 구조와 모양을 갖추어야 한다. 그래서 자연주의 식재디자인은 공간을 채우는 식재만큼이나 자연주의적인 공간을 만드는 것에도 주의를 기울여야 한다.

현대 자연주의 식재디자인에 영감을 준 프레리prairie, 스텝steppe, 초지meadow, 다른 초원grassland 군락과 경관은 자연에서 드넓은 규모로 발견된다. 그렇기 때문에 잘 알려진 자연주의 식재디자인의 많은 사례도 그 자체로 광범위하며, 개인 공간이든 공공 공간이든 모두 부지 전체를 가득 채우는 경우가 많다. 이러한 사례들을 찾아 방문하는 일은 확실히 극적인 경험일 수 있으나, 정신적으로 피곤할 수 있다. 아이러니하게도 작은 규모에서 뚜렷이 나타나는 풍부한 다양성은 넓은 지역에서 반복될 때 단조로워 보일 수 있다. 그 자체는 인상적이지만 고유한 특성과 매력이 없어지기 시작한다. 본래 한 종류로만 채워진 넓은 공간은 처음에는 장관을 이룰지 몰라도, 첫인상 이상의 감정을 이끌어내기 어렵다. 넓은 공간에 같은 요소를 반복한다는 것은 처음 본 것이 두 번, 세 번, 네 번째 보았을 때도 똑같다는 것을 의미한다.

2. 자연 식물군락의 시각적 패턴은 식물 자체와 현장에 영향을 끼치는 환경적 '힘forces' 사이의 복잡한 상호작용의 결과다. 이것을 이해하는 것이 정원에서 지속 가능한 식재를 완성하기 위한 중요한 단계다.
3. 바비칸의 식재. 색, 질감, 형태, 구조 면에서 놀라운 조합을 보여 준다. 디자인: 나이절 더닛

친밀한 공간 만들기

이런 종류의 식재 방식이 작은 공간에도 적합한지 질문을 자주 받는다. 나의 대답은 "그렇다"이다. 나는 과감하고 극적인 식재를 하기 때문에 식물을 이용하여 때로는 은은하고, 때로는 강렬하며 흥미롭고, 행복감을 맛보게 하며, 기억에 남는 디자인을 한다. 공간의 크기와 상관없이 가장 효과적인 식재디자인을 할 수 있는 한 가지 변함없는 요소가 있다. 바로 친밀함intimacy이다. 자연을 향한 인간의 깊은 반응을 완전히 이해하기 위해서는 휴먼 스케일, 즉 우리가 주변 환경에 반응하고 상호작용할 수 있으며 편안하고 안전하다고 느끼는 규모를 고려해야 한다. 아주 넓은 곳이라도 그 공간을 제대로 경험할 수 있도록 곳곳에 작은 공간들을 조성해야 한다.

이 시점에서 이 책의 모든 내용을 뒷받침하고 있는 이론적 사고의 근본적인 내용을 소개하고자 한다. 내 주장의 기반에는 예술적 자연주의 접근법이야말로 가장 높은 경지의 식재디자인이며, 우리가 왜 친밀한 공간과 휴먼 스케일에 맞는 식재디자인을 항상 염두에 두어야 하는지에 관한 고민이 자리잡고 있다. 이것이 바로 진화심리학 evolutionary psychology이라는 개념이다. 하나의 생물학적 종인 인간 역시 지금 우리가 보여 주는 행동양식, 선호도, 일상의 선택 등이 자연도태나 진화 과정의 영향으로 일정 부분 결정된다는 것이다.

인간은 로봇이 아니다

몇몇 전문가에 따르면 호모사피엔스는 2만5000년이라는 아주 짧은 시간 동안 뚜렷하게 구별되는 독특한 종이었다. 이 시간은 지구의 생애에서 지극히 찰나다. 인간은 아마 수백만 년 동안 존재했던 원인原人, 40~50만 년 전 제2간빙기에 살았다고 추정되는 화석 인류으로부터 진화했다. 이 기간에 우리와 우리의 조상들은 자연, 특히 땅과 밀접하고도 불가분한 관계를 맺으며 살았다. 규모에 상관없이 사람들이 모여 공동체를 이룬 것은 지난 몇천 년에 불과하며, 아마 지난 몇백 년 동안에 상당수의 사람이 직접적으로 연결되었던 땅과 멀어졌다고 할 수 있다. 이는 인류의 계보에서 단지 몇 줄에 불과하며, 진화의 역사에서는 정말 아무것도 아니다.

인간 진화의 역사가 우리의 행동, 선호, 행위의 상당 부분을 지배한다고 주장하는 많은 이론이 있다. 동물로서 인간이 지닌 본능은 우리가 자유의지라 부르는 의식과 감성의 얇은 막 아래에 묻혀 있으며, 이 본능의 힘이 궁극적인 영향력을 갖는다고 이야기한다. 물론 합리적인 과정의 결과라 여기는 우리의 결정과 선택이 사실 어느 정도 미리 결정되어 있다는 생각은 좀 불편할 수 있다. 분명 이렇게 말하는 사람이 있을지도 모른다. "인간은 로봇이나 기계가 아니다. 높은 지능의 힘으로 원초적인 욕구를 제어할 수 있다!". 그럴 수도 있겠지만, 내재한 본능의 진정한 힘을 생각해 보자. 대륙을 가로지르는 새들의 이동, 벌집이나 개미집의 복잡한 특성, 비버의 댐 건축 같은 수많은 다른 사례가 있다. 불가사의하게도 학습되지 않은 모든 행동이 유전 암호의 명령에 따라 가능해진다. 인간이 이에 해당하지 않는 유일한 종일 리가 없다.

1. 사람을 위한 식재의 핵심은 아무리 넓은 공간이라 해도 자연주의적 식재 속에 휴먼 스케일에 맞는 친밀한 경험을 만들어 내는 일이다. 이러한 방식은 작은 공간에서도 유용하다. 나의 정원에서 볼 수 있는 세 가지 예시는 작은 좌석, 모임 공간, 정원 산책로를 활용해 어떻게 친밀한 느낌을 만들어 낼 수 있는지를 잘 보여 준다. 식재 공간 가장자리에 좌석을 반쯤 들어가고 나오게 배치하는 것만으로도 더 흥미롭고 활동적인 경험이 가능하다.

2. 넓고 탁 트여 있는 사바나 같은 풍경, 은신처나 쉼터(피난처)가 될 수 있는 곳이 많은 경관은 우리가 지나온 진화적 과정 때문에 자연스럽게 즐거움과 편안함을 느끼게 한다.

진화심리학에서 나오는 경관과 정원에 관련된 가장 영향력 있는 개념 중 하나는 '조망-은신처prospect-refuge' 이론이다. 이는 1975년에 제이 애플턴Jay Appleton이 《경관의 경험The Experience of Landscape》에서 처음으로 제안한 개념으로 인간의 관점에서 가장 만족스럽고 선호하는 경관은 '보이지 않으면서 볼 수 있는', 즉 외부에 드러나지 않으면서 조망할 수 있는 경관이라 했다. 시야에 들어오는 풍경을 빠르게 보고, 읽고, 이해할 수 있지만 이런 행위가 안전한 곳은신처에서 이루어지는 것이다. 그는 이것이 인간이 긴 시간 동안 수렵 채집사회에서 자연과 밀접하게 연관되어 살면서 진화한 결과라고 말한다. 진화론적 측면에서 우리는 기회와 위협을 조망하고 쉽게 알아차릴 수 있는 경관을 선호하며, 특히 뒤에서 올 수 있는 공격으로부터 안전하고 보호받을 수 있는 공간, 즉 친밀한 공간에서 이를 경험하고 싶어한다.

휴먼 스케일은 앞선 개념의 일부분일 뿐이다. 설계된 경관 속에는 우리가 즉시 이해할 수 있도록 구조와 질서가 필요하다. 단순히 넓은 지역에 무작위로 자연주의적 식재를 하는 일이 실제로 만족스럽지 않은 이유가 바로 여기에 있다. 무질서는 통하지 않는다. 적어도 우리가 좋아하는 것과 싫어하는 것이 무엇인지, 선호도가 부분적으로 내재해 있다. 선천적인지 후천적인지에 관한 논쟁은 오랫동안 논란이 되고 있지만, 우리가 선호하는 많은 것은 각자의 문화와 우리가 누구이며 어디서 왔는지에 따른 결과다. 하지만 이 책에서 논의할 많은 부분이 보편적이라 확신할 수 있는 충분한 근거가 있다. 우리의 본능은 원초적이며 종종 깊이 묻혀 있지만 우리 안에 존재하며 해방되기를 기다리고 있다. 나는 잘 설계된 자연주의 식재가 이러한 원초적인 본능을 풀어 줄 힘을 가지고 있다고 믿는다. 내가 말하는 정서적인 반응이 이것을 의미하며, 마치 아이가 느끼는 것 같은 해방감과 비슷하다는 사실은 우연이 아닐 것이다. 이 책의 뒷부분에서는 이해하기 쉽고 영감을 주는 자연경관의 특징을 어떻게 식재디자인 방법론으로 옮겨서 우리의 원초적 본능을 해소해 줄 수 있을지 살펴볼 것이다.

이러한 본능은 정서적인 반응에 관한 것으로, 어떤 면에서는 매우 개인적인 경험이다. 그래서 자기 자신의 이야기를 할 때 이를 가장 잘 설명할 수 있다. 나의 경험이 더 넓은 보편적 진리를 이해하는 데 도움이 되기를 바란다.

1. 이와 같은 작은 규모의 경관은 '조망과 은신처'로 가득하여 우리를 편안하게 하면서도 시각적으로 많은 흥미를 불러일으킨다.
2. 바비칸처럼 친밀한 휴먼 스케일 공간이 있는 자연주의 식재는 도시 한가운데서도 편안함과 만족스러움을 느끼게 해 준다. 식재디자인: 나이절 더닛

나의 시작 From the Beginning

내가 기억하는 한, 나는 아주 오래전부터 정원과 원예에 푹 빠져 있었다. 시작은 아주 단순했다. 새 생명을 창조할 수 있다는 가능성에 압도된 것이다. 겨우 네다섯 살이었지만, 열정적인 정원사였던 부모님의 도움을 받아 제라늄을 잘라서 심었던 일을 생생히 기억한다. 화분 바닥으로 삐져나오는 새 뿌리를 보며 기뻐하는 일은 마법 같은 경험이었다. 그 후 얼마 뒤에 수양버들 가지 하나를 꺾꽂이하여 집 앞 정원에 심었다. 나무는 나와 함께 자라면서 내가 무언가를 탄생시키는데 이바지했다는 감동을 느끼게 해 주었다. 이러한 경험은 씨앗에서부터 생명을 자라나게 하려는 열정으로 이어졌고, 처음으로 무언가에 생명을 불어넣는 일에 즐거움을 느끼게 했다.

식물과 처음 마주하다

어린시절 나는 씨앗으로 쉽게 기를 수 있는 식물로 한정된, 아주 보잘것 없는 원예 지식을 가지고 있었다. 하지만 나는 정말 심취해 있었다! 나는 밤중에도 몰래 씨앗 판매 책자를 탐독하며 다양한 상추 재배품종이나 여러 가지 마리골드marigold를 기르는 상상에 빠지는 10대 소년이었다. 당시 정원 서적과 TV 방송에 근거한 나의 안목은 꽤 틀에 박혀 있었다. 나는 계절별 화단 식물을 대단히 좋아했다. 완벽하게 가꾼 자랑스러운 식물들 사이로 말끔히 일구어 잡초 하나 없는 흙이 보이는 것에 큰 자부심을 느꼈고, 여름의 끝자락에 갓 잘라 내 깔끔해진 화단만큼 감격스러운 것이 없었다. 그때는 그런 일을 한껏 즐겼다. 지금은 매우 다양한 방식으로 식물을 다루지만, 이러한 '전통적인traditional' 정원 가꾸기가 주는 즐거움을 절대 간과하지 않는다.

청소년기에 아주 우연한 계기로 나의 관점이 완전히 바뀌었다. 부모님은 지역 정원 동호회 회원이었고, 우리는 매년 영국 서리주Surrey 위슬리Wisley에 있는 왕립원예협회RHS, Royal Horticultural Society의 주요 정원으로 야유회를 갔다. 정원을 둘러본 후 나가려면 기념품 가게를 지나가야만 했다. 그곳에서 방대한 정원 서적을 살펴보다 어떤 책 한 권이 나의 눈길을 사로잡았다. 주황색 책등이 특징인 펭귄북스영국 출판사에서 출간한 작은 책이었다. 표지에 집과 싱그러운 정원 그림이 있었고, 사진도 몇 장 있었지만 글이 대부분이었다. 펭귄북스 책이니 뭔가 지적인 분위기를 낼 수 있지 않을까 하는 마음에 허세를 부리며 그 책을 샀던 것 같기도 하다. 집으로 돌아오는 버스 안에서 그 책을 읽고 나는 갑자기 완전히 새로운 세계에 눈을 뜨게 되었다. 그러다 우연히 크리스토퍼 로이드Christopher Lloyd의 《조화로운 정원The Well-Tempered Garden》을 보게 되었고, 책장을 넘기며 채소밭과 초화류 화단 너머에 어마어마한 정원의 세계가 있다는 사실을 깨달았다. 처음으로 내게 정원 가꾸기가 '주말에 할 일'이나 끝없는 의례적 일거리와 굳어진 관행이 아닌 그 이상의 무언가로 다가왔다. 그리고 규칙은 깨지기 마련이며, 상식에는 맞서야 하고, 옳고 그름이란 없으며, 직접 실험하고 경험할 수 있는 가능성이 무한하다는 사실을 알려 주었다. 무엇보다 그 책은 내가 한 번도 생각하지 못했던 재치 있고 엉뚱한 단어로 정원 가꾸기를 설명했다.

내가 좀 조숙하긴 했던 것 같다. 개인적인 발견의 여정을

1. 나는 전통적인 원예 활동이 주는 순수한 즐거움을 절대 과소평가하지 않는다.
2. 영국 서식스주Sussex의 그레이트 딕스터Great Dixter. 매우 정형적인 요소와 활기차고 거친 식재 사이의 대비가 특징이다.

시작한 때가 열두 살이나 열세 살쯤이었다. 최대한 많은 책을 읽고 시간을 들여 정원을 가꾸었으며, 가능한 많은 정원을 방문했다. 학교에 있을 때면 비록 몸은 답답한 교실에 갇혀 있어도 마음만은 정원을 자유롭게 쏘다니곤 했다. 정원을 어떻게 가꿀지 계획하며 신선한 공기를 마시고 흙을 만지며 씨를 뿌리고 땅을 일굴 수 있는 주말만 기다렸다. 이처럼 나의 정원 가꾸기(와 디자인)에 관련된 배경은 대부분 직접 겪고, 보고, 책을 읽으며 스스로 배운 것들이다.

열여덟 살, 대학 전공을 정해야 할 시기였다. 나는 원예에 열정적이었기 때문에 스스로 탐구하는 것만으로도 충분하다고 생각했다. 비록 '미술공예와 연관된 중산층의 아늑하고 세련된 영국식 정원 가꾸기'라는 사고의 틀을 벗어나지는 못했지만 이미 이론과 실용적인 부분에 나름대로 자신이 있었다. 그래서 이 분야가 나의 진로라는 것을 알면서도 원예나 정원디자인 또는 조경설계 정규과정을 거치지 않았다. 대신 식물학, 식물과학, 생태학과 관련한 과학적인 배경지식을 쌓기로 마음먹었다. 이런 분야는 독학이 어려울

것 같았고, 아주 어렸을 때부터 관심을 두었던 두 번째 분야가 '자연사natural history'였기 때문이다.

나는 영국 서퍽주Suffolk 입스위치Ipswich 변두리에서 자랐다. 부모님은 마을로 들어가는 붐비는 큰길에 방갈로bungalow, 넓은 베란다가 딸린 단층 주택를 지었는데, 이곳은 한때 모래를 채취하던 작은 채석장이었다. 뒤뜰에는 잡초가 우거진 채석장 터의 일부가 남아 있었다. 그곳에는 아무것도 지을 수 없는 구덩이, 조금 남아 있는 소림의 흔적과 움푹 파인 작은 연못이 있었다. 모랫바닥이라 매우 건조했으며, 도마뱀·나비·메뚜기·귀뚜라미가 많았다. 여름이면 온통 저절로 자라난 달맞이꽃Oenothera biennis의 꽃이삭으로 가득했던 것이 기억난다. 당시 어린 내가 보기에는 키가 꽤 컸다. 부모님은 이 구덩이를 '광물 채취장The Pit'이라고 불렀지만, 나에게는 수평선까지 펼쳐진 거대한 하나의 세상이었다. 물론 실제로는 아주 작은 공간이었지만 여름의 숨막히는 열기를 피하려 무르익어 바스락거리는 풀 사이를 헤치며 굽이진 길을 따라 내려가거나 작은 숲에 숨어 있는 올빼미를 찾아낼 때면 대담한 탐험가가 된 기분이었다. 여섯 살쯤, 나는 처음으로 자연에 아주 깊이 빠져드는 경험을 했다. 자연 속에서 가만히 있노라면 윙윙거리고 진동하며 생동감 넘치는 다양한 감각적 세계의 일부가 된 것만 같았다.

아홉 살쯤 되었을 때 우리 가족은 켄트주Kent의 시골 마을로 이사했다. 사과밭과 작은 숲, 우거진 산울타리가 오솔길을 에워싸고 있는 마을이었다. 내가 다녔던 작은 시골 학교에서는 한 달에 한 번 오솔길을 따라 자연 산책을 했다. 은퇴한 화이트헤드 선생님이 산책을 나설 때마다 우리를 인솔해 주었다. 그녀는 눈에 보이는 야생화를 모두 구분해서 이름과 전해 내려오는 민담이나 흥미로운 이야기를 알려주곤 했다. 도그스 머큐리dog's mercury, 쿠쿠 파인트cuckoo pint, 레이디스 스목lady's smock 같은 흔한 옛 이름들이 왠지 모르게 나의 호기심을 불러일으켰다. 언뜻 보기에는 볼품없는 식물도 이름과 그에 얽힌 이야기를 들으면 그들의 개성을 느낄 수 있었다. 나는 이렇게 식물을 알아 갔고, 이들이 어떻게 어우러져 살아가고 무엇을 좋아하고 싫어하는지 등 작은 규모의 환경을 바라보는 시각을 갖게 되었다.

조금 더 나이가 들었을 때는 종종 자전거를 타고 익숙한 동네를 벗어나 멀리 시골로 탐험을 떠났다. 봄에는 프리물라 불가리스 Primula vulgaris, 아네모네 네모로사 Anemone nemorosa, 향기제비꽃 Viola odorata, 나도산마늘 Allium ursinum, 블루벨 Hyacinthoides non-scripta 등 생기 있는 야생화로 뒤덮인 왜림 coppiced woodlands의 아름다움을 알게 되었다. 여름에는 크나우티아 아르벤시스 Knautia arvensis, 센토레아 스카비오사 Centaurea scabiosa가 들판을 장식했다. 드넓게 펼쳐진 풍성한 꽃들이 주는 강한 인상이 나를 압도했고, 스스로 그 속에 파묻혀 가만히 분위기를 만끽하며 그 섬세함에 빠져들기도 했다. 따스한 여름날 초지의 흙냄새와 뒤섞인 풀냄새, 풀 사이로 부는 바람, 땅을 기어 다니는 개미나 딱정벌레, 잎과 줄기가 뒤얽힌 덤불. 서로가 복잡하게 맞물린 세계가 축소되어 바로 내 눈앞에 펼쳐졌다. 그리고 그것이 수천 배는 커져 온 들판을 채웠을 때, 이 모든 것이 다양한 규모에서 작용한다는 사실을 이해할 수 있었다.

1. 블루벨 Hyacinthoides non-scripta. 작은 숲에서 피어나는 야생화는 나의 첫사랑이었고, 꽃이 만들어 내는 순간의 아름다움이 나의 상상력을 사로잡았다.
2. 영국 더비셔주 Derbyshire의 습지대. 페타시테스 히브리두스 Petasites hybridus의 인상적인 잎줄기와 씨송이가 아래의 꽃냉이 Cardamine pratensis 층 위로 솟아오른다.
3. 크나우티아 아르벤시스 Knautia arvensis와 방울새풀 Briza minor,

정원 VS 자연

나는 자연에서 하는 경험이 특별한 느낌을 준다는 사실을 깨달았다. 아무리 유명하거나 역사적인 장소일지라도 정원이나 공원, 또 다른 설계된 경관에서는 결코 경험할 수 없는 것이었다. 자연은 행복, 기쁨, 감격이라는 크나큰 감정을 불러일으켰다. 하지만 이러한 감정은 경관에 자연스럽게 몰입되게 하고, 여러 감각을 모두 동원한 경험이 이루어지게 하는 곳, 특히 극적인 느낌으로 감정이 고조되는 특정한 곳에서만 느낄 수 있었다. 이러한 경험은 강력하며, 형언할 수 없는 아름다움과 연결되어 있다는 점에서 신비하다. 나에게는 늘 꽃이 피어 있는 극적인 풍경이나 형태와 질감이 거의 최면을 걸 것처럼 반복되어 리듬감이 있는 경관이 이렇다 할 수 있다. 이에 관해서는 책의 뒷부분에서 더 자세히 알아볼 것이다.

나는 전혀 종교적인 사람이 아니지만, 이러한 감정은 현대적 의미로 '영적spiritual'이라 할 수 있다. 미국으로 이주하여 미국 중서부의 풍경과 풍부하고 다양한 생태를 참조해 방대한 업적을 이루어 낸 덴마크의 조경디자이너 옌스 옌센Jens Jensen은 시적이고 영감 넘치는 책 《시프팅스Siftings》에서 "자연은 우리에게 사계절 내내 다양한 분위기로 무한의 메시지를 전해 준다. 깊은 근원에는 생명과 무한의 의미에 관한 비밀이 있다. 그것은 바로 숨겨진 창조적인 힘이다"라고 말했다.

이 구절은 나의 마음을 울렸다. 우리 모두의 원초적 내면에는 직관적이고 창조적인 힘이 감추어져 있는데, 자연과 같은 장소에서 강렬한 경험을 했을 때 드러날 수 있다고 생각하기 때문이다. 디자이너로서 내가 하는 일은 그 숨겨진 힘을 드러나게 할 만큼 강렬한, 자연에 준하는 경험을 만들어 내는 것임을 깨닫게 되었다. 그런 경험은 숭고한 것sublime을 느끼는 감정과 비슷해서 강력하고, 감정을 고조시키며, 활기차야 한다. 숨겨진 힘, 강한 감정은 우리 내면에 깊숙이 파묻혀 있는 경우가 많기 때문이다. 그것은 어

더 큰 체계의 일부가 된 듯한 몰입감과 모든 것을 아우르는 느낌이 종종 '자연nature'과 '정원garden'의 차이를 만든다.

린아이처럼 순수해서 좀 단순하고 직관적인데, 성인이 되고 사회적 감수성에 노출되면서 무디어진다. 이 힘을 다시 드러나게 할 수 있는 방법이 바로 이 책의 내용이다. "우리는 자연과 아주 긴밀하고 단단하게 연결되어 있다"는 책의 첫 문장에서도 이 이야기를 하려 했다. '강조된 자연exaggerated nature' 경관을 마주한 사람들이 거듭해서 해방감을 느끼는 듯한 반응을 보이는 것을 나는 목격했다. 이는 설계된 경관에 반응하는 것과는 달리 감정에 강한 자극을 받고 깊게 몰입할 수 있게 한다. 사실 이 책에서 논하고 있는 식재 유형에 대한 인간의 반응은 궁극적인 감정적 상호작용을 나타내기 때문에 설계된 환경에서도 적용된다고 감히 말하고 싶다. 왜냐하면 이것이 이 책의 첫 단락에서 말한 "우리 내면 깊숙한 곳에 있는 근본적인 무언가를 끌어당기는 것"이기 때문이다.

자연의 단계

아마 여러분은 심리학자 에이브러햄 매슬로Abraham Harold Maslow의 유명한 '욕구 단계 이론hierarchy of needs' 피라미드를 알고 있을 것이다. 이 모델은 동기부여로 개인적인 성취를 이루게 하는 잠재력을 설명하고 있으며, 더 높은 단계에 도달하려면 먼저 기본적인 수준의 욕구가 충족되어야 한다고 주장한다. 즉, 높은 층으로 올라가기 전에 기초부터 다져야 한다는 것이다. '자아실현'이라는 궁극적인 목표는 다른 모든 요소가 실현되어야만 이룰 수 있다. 특히 창의력은 기본적인 생존·안전·안정감의 욕구가 충족되기 전에는 생겨나지 않는다.

똑같은 방법으로 아주 만족스러운 자연주의 식재를 구상할 수 있을 것이다. 최고 수준의 반응, 즉 앞에서 원초적이라고 묘사했던 정서적 반응에 도달하기 전에도 동일한 과정을 거쳐야 한다. 이는 '자아실현' 같은 수준이기에 단숨에 밀어붙일 수 없다. 이러한 정서적 반응은 단순히 자연주의 식재로 '공간 채우기filling space'를 한다거나 대충 거칠고 비정형적으로 보이는 무언가를 사용한다고 해서 일어나지 않는다.

자, 이제 자연주의 식재디자인에 맞추어 특별히 고안된 피라미드를 살펴보자.

피라미드 맨 아래에는 기존 모델의 기본적인 심리와 안전상 욕구를 그대로 두었다. 이를 기본 틀 욕구basic framing

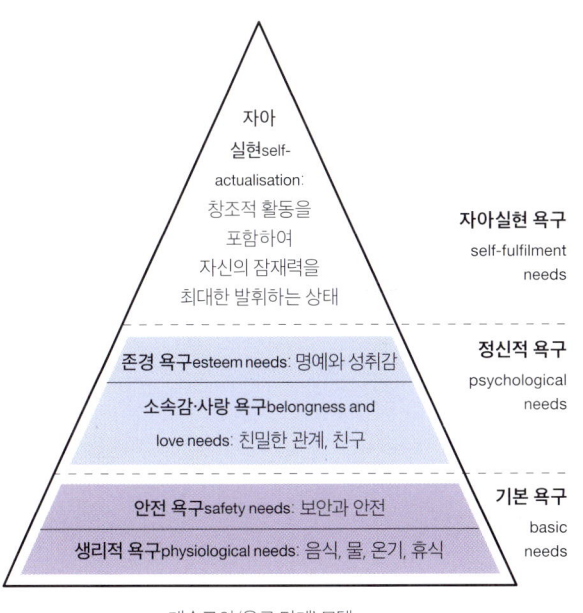

매슬로의 '욕구 단계' 모델

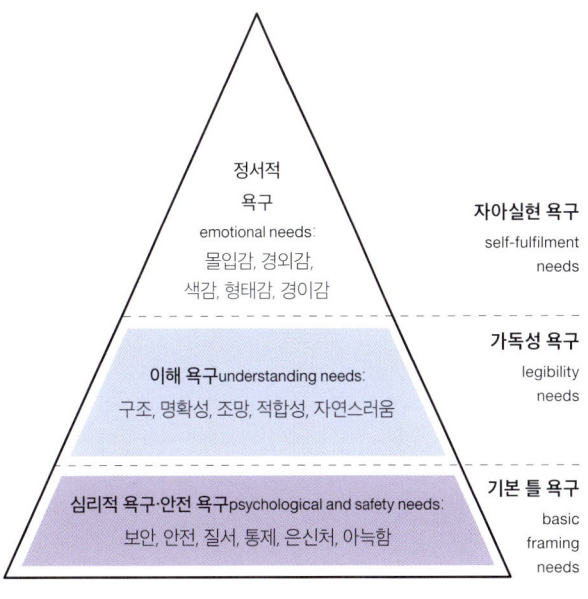

매슬로 모델의 변형으로
성공적인 자연주의 식재디자인을 완성하기 위해 필요한 욕구 단계

needs라 부른다. 이 단계는 자연주의 식재 구현에 필요한 배경과 관련된 모든 것을 포함하는데, 식재의 외부요인이라고도 할 수 있다. 이러한 디자인 요소 때문에 사람들이 편안함을 느끼고 어느 정도 야생성을 받아들이게 된다. 조안 나소어Joan Nassauer가 1995년에 발표한 논문 '엉망인 생태계, 질서정연한 틀messy ecosystems, orderly frames'에 기술한 보편적 개념인 '관리 신호cues to care'가 여기에 포함되는데, 예를 들어 길에 맞닿은 야생화 초지의 가장자리를 따라 가지런히 깎은 좁고 기다란 잔디 구역 같은 것이다. 하지만 '기본 틀 욕구'에는 그보다 훨씬 더 많은 의미가 있다. 앞서 살펴보았던 '은신처refuge' 개념처럼 자연주의적 경험을 위해 우리가 갈망하는 친밀함·질서·통제의 분위기를 조성하는 것을 포함한다. 어떤 면에서 이는 오래된 양식으로, 집 주변의 형식과 질서가 점차 사라지고 저 멀리 야생으로 이어지는 고전적인 정원의 과정을 설명한다. 다양한 경험을 위해 우리를 단계별로 준비시키는 육체적·심리적·감정적 여정인 셈이다.

지금까지 이야기해 온 감정적 경험에 도달하기 위해서는 무언가 '안전한safe' 틀 안에 있는 것이 중요하다. '숭고함sublime'은 자연 세계에서 강한 흥분과 경외심을 불러일으키는 장면과 조우할 때 사용하는 18세기 표현이다. 하지만 그러한 경험은 안전한 상태에서만 지속될 수 있다는 전제가 깔려 있다. 예를 들어, 우레가 울리는 거대한 협곡에 흐르는 강 풍경은 안전한 전망대에서 보면 짜릿하겠지만 낭떠러지 아래로 떨어져 곧 부러질 듯한 나무에 위태롭게 매달려 보고 있다면 어떨까? 저 아래로 추락할 수도 있는 상황에서 쩍쩍 갈라지는 나무뿌리에 생사가 달렸다면 풍경이 그다지 만족스럽지만은 않을 것이다!

다음 단계는 앞서 가독성이나 이해로 설명했던 욕구다. 이 단계는 보다 낮은 단계의 기본 욕구와 달리 식재의 겉모습보다는 내부에서 작용하는 실제 식재 자체의 세부 사항과 관련이 있다. 다시 말하지만 공간을 단순히 야생같이 보이게 하는 것들로 채우는 수준을 훨씬 뛰어넘어야 한다. 가독성 단계에서는 식재의 핵심 요소를 한눈에 파악할 수 있도록 하는 것과 명확성이 매우 중요하다. 이 모델에서 식재가 제대로 기능하려면 자유 형태가 아닌, 알아보기 쉬운 내부 구조가 있어야 한다. 식물 형태, 질감, 색상과 관련될 수 있고 어느 정도의 리듬과 반복이 포함되는데, 피라미드에서 이번 단계를 충족하려면 반드시 제대로 갖추어야 하는 부분이다.

1. 전망대에서 로키산맥의 멋진 풍경을 바라보면 아주 안전하다고 생각하면서도 경외감을 느끼겠지만, 같은 경치를 손끝으로 절벽에 매달려 바라본다면 사뭇 다른 느낌일 것이다.
2. 비슷한 논리로, 세필드의 상업 단지에 있는 이 자유로운 형태의 초지는 비교적 밝은색과 깔끔한 테두리 덕분에 지저분하다는 느낌이 덜하다.
3. 바비칸의 스텝 식재. 얇고 건조한 흙에 가뭄에 잘 견디는 그라스와 잎이 넓은 초본을 심었으며, 회색빛과 푸른빛 잎줄기의 식물로 일관성 있는 볼거리를 만들었다. 디자인: 나이절 더닛

이미 언급했던 '적절성fitness'의 개념은 생태학적 감수성이 필요한 부분이다. 식생이 현장에 적합하다는 것은 그 자체로, 그리고 지역적으로 생태적 일관성이 있다는 의미다. 하지만 그렇다고 특정 식물군락에 맞는 식물을 상세하게 알아야 한다는 뜻은 아니다. 그저 깊은 생태학적 지식이 전혀 없는 사람에게도 이 모델이 알맞도록 의도되었다는 사실을 강조하고 싶은 것이다. 이는 일종의 내재한 생태적 지혜, 다시 말해 그 땅에 알맞은 식물인지, 이웃과 공존할 수 있는지를 직관적으로 깨닫는 경우가 될 수 있다. 비슷한 자생지나 환경조건을 가진 식물을 선택하면 이들의 적응력도 비슷해서 결국 식재 전반에 시각적 일관성을 이끌어 낸다. 또 이 단계에서 '자연스러움naturalness'의 본질, 곧 식재의 전체적인 특징이나 요소의 배치가 경직된 정형성을 탈피하는 성과를 이룬다.

더할 나위 없이 만족스럽고 효과적인 자연주의 식재를 가장 높은 수준의 정서적 성취까지 끌어올리는 일을 위한 필요조건은 의도적인 장치 추가다. 예를 들어, 나의 경우는 자연주의 식재에서 색과 식물의 형태를 신중히 고려한다. 전통적인 식재디자인의 몇몇 특징을 자연스러움이 지닌 흥미로운 즉흥성에 접목시켜 심미적으로 가장 뛰어난 결과를 얻는 것이다. 이는 이전에 있었던 것을 다 버리는 혁명이 아니고 모든 영역에서 가장 좋은 것들을 결합하는 진화다. 더욱 중요한 측면은 몰입을 유도해 수동적이었던 조경이나 정원 경험을 능동적으로 바꾸는 것이다. 이 내용은 앞으로 이 책에서 더 자세히 살펴볼 것이다. 나는 숭고함에 부응하는 경이로움과 경외감이라는 단어도 언급했다. 이런 감정은 향상된 자연nature-enhanced이라는 아이디어의 핵심으로 이끄는데, 극대화된 효과, 대담함, 철저하고 까다로운 식재 구성 요소 선정 등이 그것이다.

픽토리얼 메도 이야기

도시에 적용할 수 있는 픽토리얼 메도를 개발하면서 감정을 강하게 자극할 수 있는 식재의 잠재력을 처음 경험했다. 그 시작은 미약했지만 후에 2012년 런던올림픽 때 올림픽파크의 근간이 되며 정점을 찍었다.

나는 '향상된 자연nature-enhanced'이라는 아이디어를 표현하는 한 방법으로 픽토리얼 메도라는 개념을 생각해 냈다. 이 개념은 매우 도시적인 환경 안에 있는, 설계되고 교란된 부지를 목표로 한다. 초지 느낌이 강하게 나는 공간으로 만들려는 것이다! 낭만을 노래하는 초지는 반짝이는 꽃밭에 찾아드는 많은 벌과 나비로 활기차다. 저항할 수 없을 만큼 아름다우며, 자연을 거스르기보다는 자연과 함께한다는 느낌을 주며, 아주 오랜 시간 지속된다. 이는 초지의 모습과 느낌, 즉 초지의 미학을 창조하는 일로, 색상·층위層位, layers·구조를 신중히 고려하여 모든 요소를 최대한 빼곡하게 채워서 만든다.

원래 이러한 한해살이나 여러해살이 초지 혼합씨앗은 까다로운 장소에 안정적이고 신뢰할 수 있는 초지를 조성하기 위해 개발되었다. 여기서 까다롭다는 것은 물리적으로뿐만 아니라 사회적으로도 그렇다는 의미다. 이 혼합씨앗을 종종 버려진 공터, 건설 개발 전 임시로 메워 놓은 '황무지wasteland', 고속도로변이나 중앙분리대에 사용했고, 그 결과 주택가나 주거단지, 부수 공간, 놀이터 등 의외의 장소에 초지가 생겨났다. 이는 정원은 물론 공원조차도 찾지 않던 수많은 사람이 매일같이 다녀갔다는 뜻이다. 사람들이 여러 가지 환경적·경제적 혜택을 누릴 수 있는 자연주의적 경관과 함께 살아갈 수밖에 없다면 이 경관은 보기에도 아주 좋아야 한다는 점이 중요하다. 이러한 식재는 환경적으로뿐만 아니라 사회적으로도 지속 가능해야 한다.

처음에는 까다로운 환경에 놓여 있는 이 꽃이 피는 초지가 훼손되거나 망가져 버릴 수도 있다고 생각했다. 하지만 식물의 강인함과 초지를 향한 지역사회의 진정한 주인의식에 감탄했다. 개들이 여기저기 밟아 놓고, 뛰노는 아이들이 길을 만들 수도 있지만, 나의 경험상 희망의 길desire-line, 원하는 방향으로 밟고 다니다 보니 자연스럽게 만들어지는 길이라 불리는

원래 픽토리얼 메도 혼합씨앗은 사진의 장소처럼 주거 구역, 버려진 땅, 고속도로, 공원 등의 도시환경을 위해 개발되었다. 혼합씨앗 디자인: 나이절 더닛

지름길이 생기는데, 사람들은 전체를 짓밟고 다니기보다는 이 지름길로만 다니는 편이다. 정말 인상적이었던 것은 이러한 활기차고 다채로운 초지가 모든 연령대의 사람들을 끌어들이는 효과였다. 그리고 놀랄 만치 풍성한 꽃들은 가까이 다가가 만져보고 싶은, 거부할 수 없는 충동을 일으켰다. 그렇다. 꽃을 꺾고 싶은 마음, 그것도 때로는 한 아름씩 꺾고 싶은 충동 말이다. 나는 그런 욕구를 늘 너그럽게 생각해 왔고, 일종의 '긍정적인 반달리즘vandalism, 문화유산이나 예술, 공공시설, 자연경관 등을 파괴하거나 훼손하는 행위'이라고 본다. 사람들이 이미 잃어버린 자연과 접촉하는 방법 중 하나인 것이다.

픽토리얼 메도 혼합씨앗은 금세 디자이너와 정원을 가꾸는 사람들에게 널리 사용되었다. 혼합씨앗 디자인: 나이절 더닛

올림픽파크의 초지

나는 셰필드의 다양한 도시환경 속에 있는 다채로운 픽토리얼 메도에 대한 사람들의 반응을 보았고, 그 이야기를 수많은 언론 매체에 기고했다. 하지만 이 초지가 2012년 올림픽파크의 중심에서 주목받게 되었을 당시 대중의 반응은 예상 밖이었다. 영광스럽게도 제임스 히치모와 내가 올림픽파크의 설계자문위원으로 임명되어 조경설계회사인 LDA디자인, 하그리브스 어소시에이츠Hargreaves Associates 와 함께 일하게 되었다. 우리가 발탁된 이유는 올림픽파크의 책임자 존 홉킨스John Hopkins가 우리가 한 작업을 알고 공원 특유의 시그니처로 삼으려 했기 때문이었다. 공원 자체가 과거를 되돌아보며 기념하는 공간이 아닌, 원예와 조경디자인의 미래를 선언하는 곳이 되어야 했다.

공원에서 가장 큰 한해살이 초지 구역은 주 광장을 따라 올림픽주경기장을 둘러싸고 있다. 이곳은 공원에 들어서는 방문객이 가장 먼저 접하게 되는 경관 요소로, 주차장과 기차역에서 나오는 보행로가 그곳을 통과한다. 또 경기장으로 드나드는 주요 교량이 그 위로 지나간다. 1킬로미터 이상 드넓게 뻗은 꽃이 피는 초지는 600만 방문객 대부분이 처음으로 가까이 접해 본 다채로운 자연주의 경관 디자인이었을 것이다. 나는 올림픽파크를 위해 경기 기간 동안 노란색·주황색·금색으로 빛나는 '올림픽 골드 메도Olympic Gold Meadows'를 비롯하여 몇 가지 새로운 주제 색이 있는 다양한 혼합 초지를 디자인했다. 대중의 반응은 매우 감동적이었다. 사람들은 여러 해가 지난 지금도 그때 그 초지가 기억에 많이 남는다고 이야기한다. 그 당시에는 생기 넘치는 꽃밭에서 사진을 찍을 수 있도록 별도의 장소까지 만들어야 할 정도였다.

올림픽파크 초지를 향한 대중의 반응은 경이로웠다. 이 초지는 많은 사람이 꽃으로 가득 찬, 다채로운 자연주의 식재 경관과 처음 만나게 해 주었을 것이다.

올림픽파크 주경기장을 둘러싼 '올림픽 골드 메도Olympic Gold Meadows'를 조성하기 위해 이 초지 혼합씨앗을 특별히 설계했다. 초여름에는 주황색과 푸른색으로 시작해, 몇 주에 걸쳐 진한 금색과 노란색으로 변한다.

영국 스테퍼드셔주 트렌텀가든Trentham Gardens에 있는 픽토리얼 메도 한해살이풀 꽃밭. 혼합씨앗은 흩어져 있는 나무 아래 공간을 채우며, 봄에 뿌린 씨앗에서 자라 여름과 가을 내내 꽃을 피운다. 디자인: 나이절 더닛과 트렌텀 팀

트렌텀가든의 픽토리얼 메도. 양귀비, 수레국화 교잡종, 흰색 아미 *Ammi majus*가 빛난다. 사진에서 볼 수 있는 초록색 잎과 줄기는 모두 나중에 꽃을 피우며 솟아오를 것이다. 디자인: 나이절 더닛

내가 가장 좋아하는 픽토리얼 메도 혼합씨앗 '파스텔Pastel'은 하늘하늘한 분홍색·흰색 꽃을 피우는 것을 시작으로 가을이 되면 인상적인 코스모스 꽃밭을 만든다. 디자인: 나이절 더닛

나의 시작

중국

꽃, 색채, 자연주의 경험에 우리가 끌리는 현상이 학습된 것인지, 타고난 것인지에 관한 많은 논쟁이 있어 왔다. 아마 지금쯤이면 당신은 내가 어느 편에 서 있는지 알아차렸을 것이다! 초지를 찾아 나선 중국 여행에서 이러한 끌림의 보편성을 찾을 수 있었다. 우리는 중국 남서부에 위치한 윈난 云南의 샹그릴라香格里拉, 윈난 서북부에 있는 디칭 티베트족 자치주의 수부도시 지역 외딴 계곡에서 오래된 건초지의 자취를 찾고 있었다. 서양과 마찬가지로 이 같은 오래된 초지는 농업생산성 향상을 위해 갈아엎고, 비우고, 다시 씨를 뿌리는 과정에서 대부분 파괴되었다. 그런데 접근할 수 없거나 경작하기 어려운 곳에 아름다운 초지가 일부 남아 있다. '개량된 improved' 초원이 끝없이 펼쳐지는 어느 골짜기 안 늪지대에 앵초류가 다채롭게 피어난 작은 초지가 있었다. 소풍 나온 동네 농장 일꾼들이 꽃밭에 앉아 있었고, 아이들은 화사한 꽃 사이에서 뛰어놀고 있었다. 온 골짜기 가운데 오직 이곳에서만 일어나고 있는 일이었다. 문득 셰필드의 주택단지와

녹지공간에 픽토리얼 메도가 도입되었을 때 보았던 것과 똑같은 장면을 바라보고 있다는 생각이 들었다. 물리적으로는 수천 마일 떨어져 있고 문화적으로는 전혀 다른 세계지만 마치 거울에 비친 듯 나타났던 것이다.

중국의 한 시골 마을. 농장 일꾼과 그 가족이 꽃이 피는 초지에 모여 있다.

실험 기간

식물을 다양한 방식으로 배열하는 실험을 시작했다. 식물이 야생에서 자라는 방식과 정원에서 사용되는 방식 사이에서 점점 괴리감을 느끼고 있었기 때문이다. 나중에 후회했을지도 모르겠지만, 부모님은 내가 집에서 정원을 가꾸고 새로운 식재 구역을 만들며 놀 수 있게 해 주었다. 당시에는 혁명적이라고 생각하면서 새 화단을 만들고 식물을 블록block이나 띠무리drift, 긴 형태의 식물 무리가 아니라 하나하나 흩어지게 배치해 식재 전체를 조각그림 퍼즐처럼 만들었다. 지금도 같은 방식으로 일하고 있지만, 열여덟 살이나 열아홉 살 때는 정원을 가꾸는 새로운 방식을 찾기 위해 어둠 속을 더듬으며 가는 느낌이었다.

한편, 나도 모르게 정말 중요한 일을 시작했다. 설계된 식물군락을 이용하는 것이다. 켄트주의 왜림 안에서 나는 이들이 유지되는 체계를 바라보며 그 안에서 작동하는 힘의 관계에 매료되었다. 유럽개암나무Corylus avellana와 유럽밤나무Castanea sativa를 지면까지 잘라 내면 많은 새싹이 올라오며 다시 자라난다. 교목들의 수관canopy을 제거하니 빛과 온기가 지면까지 닿아 초본식물이 급격하게 자라났고, 일부 땅에 묻혀 휴면하고 있던 씨앗도 싹을 틔웠다. 서늘한 그늘에서 근근이 버티던 기존 식물은 갑자기 풍부해진 광조건 때문에 너도나도 꽃을 피웠다. 하지만 세월이 흐르면 줄기가 많은 나무는 천천히 키를 키우며 그늘을 만들고 마침내 다시 수관을 형성한다. 결국 다음 왜림 작업coppicing까지 지면의 모든 식물의 성장은 억제된다. 빛과

어둠, 따뜻함과 서늘함, 초본과 목본의 반복되는 주기는 실제로 이러한 체계가 발달해 나갈 때 시간이 흐르면서 리듬을 타고 오르락내리락하는 움직임의 파도에 가깝다.

그래서 나만의 작은 왜림 구역을 만들었다. 작은 유럽개암나무를 1미터 간격으로 심고 아래에 프리물라 불가리스Primula vulgaris, 전호Anthriscus sylvestris, 향기제비꽃Viola odorata, 실레네 불가리스Silene vulgaris처럼 자생하는 야생화를 심었다. 하지만 프리물라 폴리안타Primula polyantha, 새매발톱꽃Aquilegia vulgaris 교잡종, 헤스페리스 마트로날리스Hesperis matronalis, 루나리아 비엔니스Lunaria biennis 등 다른 식물도 가져다 심었다. 이들은 모두 비자생식물이거나 자생식물의 재배품종이었지만 식재 환경에는 모두 맞았다. 유럽개암나무는 약 3년에 한 번씩 잘라 주었다. 이 모든 것은 여러해살이 지피식물과 함께 관목을 식재하는 다양하고 생태

1. 왜림 작업 한 나무의 잘린 밑동.
2. 왜림 작업 후 야생화 사이로 다시 자라난 나무.

적인 방법을 조사하기 위한 일이었다. 의도하지는 않았지만 오늘날까지 걷고 있는 이 길이 시작된 셈이다. 다시 말해 이 일은 역동적이고 변화무쌍한 체계를 이용하여 시각적 흥미·볼거리를 극대화하며, 동일한 생태조건에 적합한 자생식물과 비자생식물을 혼합하되 여러 층을 두어 가능한 한 오랫동안 유지되는 식물군락을 디자인하는 것이다. 물론 1980년대 당시에는 이런 용어를 사용해서 설명할 능력이 없었고, 네덜란드와 독일에서 이런 내 생각과 아주 잘 통하는 운동이 전개되고 있다는 사실도 전혀 몰랐다.

북아메리카

1980년대 후반, 나는 운이 좋게도 미국가든클럽Garden Club of America과 영어말하기협회English Speaking Union의 원예 연구생 교환 프로그램Interchange Fellowship in Horticulture에 합격하여 롤리Raleigh에 있는 노스캐롤라이나주립대학교에서 멋진 1년 반을 보냈다. 표면적으로는 대학원 공부를 위한 1년이었지만, 실제로는 많은 시간을 할애해 미국 동부 해안 여기저기를 다니며 정원, 국립공원, 여러 자연 구역을 방문했다. 당시 미국 원예계는 이른바 '새로운 미국 정원New American Garden, 대규모의 긴 띠 모양 그라스 식재와 여러해살이풀 꽃밭을 특징으로 하는 정원' 운동이 일어나는 흥미진진한 시기였다. 세심한 관리가 필요한 유럽식 정원 유행을 거부하고 지역 경관과 식물에서 영감을 찾는 보다 생태적인 사고를 받아들였다. 급성장하는 자생식물 분야에는 과감한 식재 아이디어가 필요했고, 나는 그 분야에 깊이 빠져들었다.

자동차 여행을 다니며 영국의 정원에서 이미 익숙하게 보았던 식물들을 난생 처음으로 자생지에서 보게 되었다. 그중 많은 시간을 J.C. 롤스턴J.C. Raulston 지도교수와 함께 했다. JC로 불리던 그는 미국에서 선도적인 원예가로 손꼽히는 사람 중 하나로, 미국 남동부의 혹독한 기후에 알맞은 새로운 식물을 시험하고 도입해 조경식재의 다양성을 크게 확장하는 일을 목표로 하고 있었다. JC의 수업은 수강생이 항상 많았고, 여러 세대의 학생에게 영감을 주었다. 나는 그 교수님에게 배운 두 가지를 늘 기억하고 있다. 첫째, 그는 대학의 연구와 산업 종사자 사이를 직접 연결하는 일을 자신의 의무로 여기고 재배업자·조경가와 많은 시간 함께 일하며 진정한 변화를 위해 노력했다. 또 미국 전역의 전문가와 비전문가 원예 모임에서 강연을 하고 여러 정원 잡지에 글을 기고했다. 나는 최대한 많은 것을 가능한 한 널리 공유하고 현장에서 일하는 사람들과 협력하면서 그저 말만 하는 것이 아니라 그가 직접 보여 주는 것을 따르고자 노력했다.

그에게 배운 두 번째는 '할 수 있다can-do'는 정신이다. 숨 막히게 습하던 어느 여름 노스캐롤라이나주립대학교수목원현 JC롤스턴수목원에서 인턴으로 근무할 때, 자신이 만든 여러해살이풀 화단의 큐레이터로 자원한 정원디자이너 이디스 에덜먼Edith Edelman과 함께 일하게 되었다. 화단은 길이 100미터, 폭 6미터로 거트루드 지킬Gertrude Jekyll의 색에 대한 아이디어에서 착안해 양 끝에서 차가운 색으로 시작해 가운데로 갈수록 강렬하게 달아오르는 뜨거운 색이 되도록 했다. 하지만 닮은 점은 거기까지였다. 이디스는 커다란 야생식물, 굵직한 잎, 거대한 그라스를 사용했다. 그것은 전면적인 방임의 표현이었고, 익숙하게 보아 온 영국 초본 화단 같은 얌전하고 깔끔하게 관리된 여러해살이풀의 모습은

1. 삼잎국화Rudbeckia laciniata. 노스캐롤라이나주 블루리지파크웨이Blue Ridge Parkway를 따라 소림 아래에 자라고 있다.
2. 영국 글로스터셔주Gloucestershire 바이버리의 넓은 도로변에 있는 프리물라 베리스Primula veris. 나는 박사학위 취득을 위해 이 도로변 식물들의 장기적 역학관계에 대한 40년 동안의 기록을 연구했다.

전혀 없었다. 이미 거의 난장판이었지만 점점 더 심해졌다!

흐린 겨울날 색을 더하기 위해 남은 식물 일부에 페인트를 뿌린 것 외에는 빛바랜 줄기와 씨송이를 겨울 동안 그대로 두었다. 이디스가 이 거대하고 환상적이며 광적인 불협화음의 여러해살이풀 화단을 만들겠다고 했을 때, JC 교수는 즉시 "좋아, 어서 해!"라고 대답했다. 그때 이후로 나는 늘 '과감한 생각big idea'을 추구했고, 정원과 식재디자인에 있어 소심함과 안일한 생각, 그리고 어중간함을 피하려고 최선을 다했다.

셰필드대학교

미국에서 영국으로 돌아와 셰필드대학교에서 박사학위 공부를 시작했다. 자연 상태 초지 식생의 장기적 역학관계를 연구하면서 순수 식물생태학의 세계로 돌아왔다. 나는 세계에서 가장 오래된 정기적 추적 관찰 생태 실험인 바이버리 도로변Bibury Road Verges 실험에 참여했다. 코츠월드Cotswolds 언덕의 길가 초원은 예초 대신 풀의 생장을 조절하는 다양한 화학물질의 효과를 밝히는 실험의 일환으로, 1958년부터 매년 추적 관찰이 이루어졌다. 그런데 내가 살펴본 것은 아무 처리도 하지 않은 '대조군실험 결과가 제대로 도출되었는지 여부를 판단하기 위해 어떤 조작이나 조건도 가하지 않은 집단'이었다. 당시는 기후변화를 심각하게 논의하기 시작한 1990년대로, 지난 약 45년 동안 기후의 역할과 식물의 반응을 비교하여 미래를 예측할 수 있다고 생각했다. 나의 박사과정 지도교수였던 필립 그라임Philip Grime은 '식물전략이론Plant Strategy Theory'을 창안한 식물생태학 이론의 선구자였다. 이 이론으로 식물이 군락 내에서 어떻게 공존하는지 설명할 수 있는데, 중요한 점은 식물군락을 보는 관점이 개별 종의 나열에서 다양한 기능적 유형의 모음으로 옮겨 간다는 것이다. 즉, 무슨 식물인지를 살피기보다 이 식물이 무엇을 하는지를 생각하게 된다. 식물 공동체를 보는 이 아주 새로운 방법은 나에게 큰 영향을 미쳤다.

구체적인 결과와는 상관없이, 오랜 기간에 걸쳐 지정된 대상지에 있는 모든 식물의 다양한 수와 크기를 매년 측정했던 박사과정 연구는 나에게 큰 영향을 주었다. 장기적인 관점을 갖게 되었고 식물 역학을 진정으로 이해할 수 있게

되었다. 키가 큰 초지 식생을 수없이 헤집고 다녔고, 그 초원 안의 층위를 제대로 느낄 수 있었다. 언뜻 그라스와 꽃의 더미처럼 보여도 실제로는 작은 규모지만 숲처럼 수직적인 층위를 구성하고 있다. 또 시간이 흐름에 따라 실제 식물 구성과 숫자는 크게 바뀔 수 있어도 식물군락은 여전히 같은 특징과 느낌을 유지한다. 식생은 매년 기상변화나 심각한 사건이 발생할 때마다 꽤 달라질 수 있지만 전체적으로는 비교적 비슷하게 유지된다. 그래서 나는 단기적인 변화를 걱정하지 않는 법, 그리고 앞서 관찰했던 왜림체계처럼 자연주의 식재는 끊임없이 변화하며 여러 가지 식물이 파도치듯 움직이며 오고 간다는 것을 받아들이는 법을 배웠다.

셰필드학파

박사과정이 끝나 갈 1995년 무렵, 셰필드대학교 조경학과에서 생태학과 식재디자인을 강의할 교수를 모집했다. 여러모로 꿈꾸어 온 일이었기에 바로 지원하여 기회를 잡았다. 1년 뒤, 운명의 장난처럼 제임스 히치모도 같은 과에 임명되었다. 당시 영국 대학가에서 생태학과 원예학 모두에 정통하고 비슷한 생각을 가진 사람은 우리 둘뿐이었던 것 같다. 그렇기 때문에 서로 모르는 사이였던 우리가 같은 곳에서 만나게 된 것은 큰 행운이었다. 제임스는 호주에 있다가 셰필드로 오기 직전 잠시 스코틀랜드 학계에서 활동했다. 그래서 이미 떠오르던 유럽의 새로운 여러해살이풀 운동과 관련한 인맥이 두터웠다. 반면 나는 국제적인 관계망 속에서 새내기일 뿐이었다. 제임스는 원예를 배우고 실무 경험을 하면서 생태학 분야로 넘어왔지만, 나는 반대로 생태학을 배우고 원예가로 활동했다. 그렇게 우리는 서로 다른 관점을 가지고 같은 영역에서 만났다.

줄어든 예산과 부족한 기술 때문에 양질의 원예 활동이 사라져 영국 공원과 녹지의 공공조경 여건이 극도로 어려웠던 시절이었다. 나는 제임스와 함께 많은 노력이 필요한 전통적 원예 활동을 대체할 다양한 생태학적 관점의 식재 유형을 연구했다. 우리는 공통된 원칙에 따라 식재디자인 틀의 다양한 선택사항을 개발하고 서로 집중할 영역을 나누어 작업했다. 우리가 제안한 것은 전에 나왔던 '도시녹화urban greening' 개념과는 근본적으로 달랐다. 생태적 순수성을 우선하지 않고 식재가 사람들에게 어떻게 보이고 작용하는지에 중점을 두었다. 그리고 자생식물이 비자생식물보다 모든 면에서 항상 더 낫다는 경직된 철학에 얽매이지 않고 자연주의적 식재 계획에 이 둘을 자유롭게 섞어서 사용했다. 또 새로운 여러해살이풀 운동에서 일반적이었던 한 가지에는 다르게 접근했다. 꼼꼼하게 관리할 원예 기술이 없거나 관리 예산이 매우 적을 수 있다고 가정한 것이다. 예를 들어 겉모습은 생태적이어도 실제로는 많은 관리와 지식이 필요했던 독일의 접근법과는 뚜렷이 달랐다.

나(왼쪽)와 제임스 히치모(오른쪽).

저투입, 고효과 식재: 최소의 자원으로 최대의 효과 내기

사실상 지속 가능한 동시에 매우 아름다운 정원을 만드는 조경 식재의 활성화가 우리의 작업이었다. 우리 방식이 '셰필드학파Sheffield School' 식재디자인으로 알려지게 되었고, 나는 그것을 '저투입, 고효과low-input, high-impact'라 규정한다. 그때부터 지금까지 지켜 온 다음과 같은 몇 가지 원칙이 있다.

• 대중적으로 매우 눈길을 끄는 인상적이고 아름다운 시

각적 효과를 창조할 것.
- 연중 볼거리를 제공할 것.
- 매우 다채롭고 행복감을 줄 것.
- 야생생물·생물다양성 가치가 높을 것.
- 물·비료·시간 같은 자원 투입량이 적을 것.
- 간단하고 '방임적extensive'인, 즉 정원 가꾸기보다는 자연보전 행위에 가까운 건초지 벌채, 왜림작업 같은 관리 방법을 사용할 것.

우리가 설계하고자 했던 식물군집은 자연과 같은 방식으로 작동하되 인공적인 것으로, 꼭 자연에 있을 법한 것일 필요는 없었다. 그렇다 하더라도 부지의 생태적 조건에는 맞아야 한다. 식재와 파종 그리고 이 두 가지의 조합으로 이를 이루어 냈다.

다소 자전적인 이 장을 마무리 짓자면 나의 작업 방식에 또 다른 큰 영향을 미친 하나의 경험을 빼놓을 수 없다. 셰필드대학교 조경학과에 부임해서 처음 요청받은 일 중 하나는 대학원생들과 함께 네덜란드로 공원·정원 답사를 가는 것이었다. 답사지 중 한 곳은 언뜻 보기에 별로 눈에 띄지 않는 암스테르담 교외 암스텔베인의 작은 공원 The Amstelveen Heem Parks으로, 부유한 동네의 거리와 연결된 아담한 입구들이 있었다. 그 안에는 뜻밖에도 물, 소림 woodland, 히스랜드heathland, 주로 키 작은 초목들이 자라며, 건조하고 비옥도가 낮은 모래질의 넓고 탁 트인 지대, 초지로 이루어진 그 자체로 완전한 세계가 있었는데, 과거 목초지를 맨 처음부터 새롭게 조성한 공원이었다. 바로 이곳에서 '창조된 자연 created nature'의 힘을 이해했고, 동시에 더 나아가 순수한 생태적 사고와 회화적인 사고를 통해 그 힘을 확대시키는 것이 중요하다는 사실을 깨달았다.

영국왕립원예협회 위슬리가든에 씨앗을 뿌려 가꾼 '프레리-메도prairie-meadow'. 식재디자인: 제임스 히치모

사례 연구:
암스텔베인 헴파크

자연을 연상시킨다는 것은 관점에 따라 다르게 받아들여질 수 있다. 정원·조경디자인의 기술을 가장 잘 표현한 것일 수도 있으며, 별 상상력이 필요하지 않은 비창조적인 감성을 추구한 것일 수도 있다. 물론 여러분이 짐작하듯이 나는 전자의 관점에 동의한다. 여기에서 내가 핵심이라 생각하는 단어는 '연상evocation'이다. 아름다운 자연환경에서 느끼는 해방감이 전해져 강렬한 정서적 반응을 일으키면, 그런 반응을 일으킨 요소를 한데 모은다. 단순히 자연의 모델을 모방하는 것이 아니라 그 본질을 향상시켜 미적 매력을 고조시키는 것이다.

설계된 자연 가운데 가장 훌륭하고 영향력 있는 예는 네덜란드 암스테르담 외곽의 암스텔베인 근처에서 찾을 수 있다. 공원과 공동체 공간이 서로 연결된 녹지망이 형성되어 있는데, 모두 네덜란드의 '헴파크Heem Park' 원칙에 따라 설계되었다. 헴Heem은 서식처나 집으로 번역되는데, 1920년대 농업기술이 변화하면서 농촌에서 급속히 사라져 가던 야생화의 피난처를 제공한다는 목적의 교육적 장소로 시작되었다. 마을 대부분에는 풍부한 지역 자생식물을 함께 즐길 수 있는 그 지역 고유의 공동체 식물원인 헴파크가 있었다. 세월이 흘러 주안점이 바뀌면서 지금은 대부분 교육용 식물수집원이라기보다 대단히 아름다운 장소로 인식되고 있다. 이 아름다움이 가장 깊이 표현된 곳이 바로 암스텔베인으로, 가장 유명한 헴파크인 야크페테이서파크 Jac P Thijssepark가 여기에 있다. 암스텔베인의 자연공원과 정원이 정말 놀라운 점은 20세기 중반 모두 농경지, 즉 들판과 간척지 위에 인공적으로 만들어졌다는 사실이다. 설계 원칙은 아주 명확했다. 전통적인 정형식 설계의 특징이 없어야 하고, 통경선vista, 시선을 한 방향으로 유도하기 위해 나무 등을 일정한 방향으로 배치해 풍경을 만드는 기법이나 초점이 없으며, 직선과 각도는 최소화하는 것이다. 대신 신비mystery라는 아이디어를 바탕으로, 꼬불꼬불한 길모퉁이에 무엇이 있는지 발견하도록 이끌었다. 이 길은 초지, 히스랜드, 소림을 지나 웅덩이, 수로, 도랑을 가로지르는 다리로 인도하며 기억에 남을 경험을 선사한다.

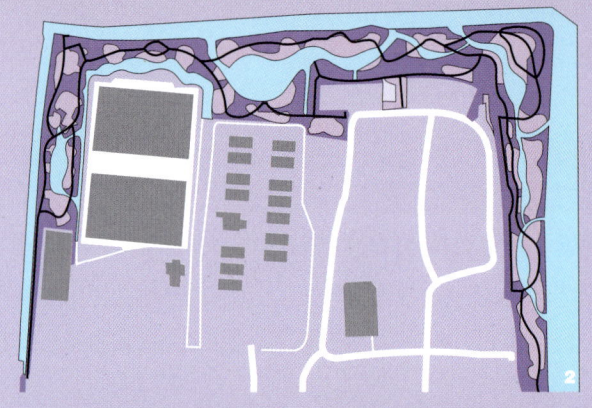

1. 공원 안 수로에 유럽오리나무Alnus glutinosa가 줄지어 있고, 상록성인 처진사초Carex pendula가 하부에 식재되어 있다.
2. 네덜란드 야크페테이서파크의 평면도. 구불구불한 길로 연결된 물(파란색), 소림(보라색), 초지(연보라색) 구역이 주거 구역을 감싸고 있는 모습이 보인다.

회화적 식재

암스텔베인 헴파크는 대부분 자생식물이 식재되어 있지만, 자연에서 볼 수 있는 식물군락을 모방하려고 하지는 않았다. 대신 야생화를 심어 드넓고 기분 좋은 광경을 만드는 것이 목표였다. 나는 이러한 회화적인 접근에 큰 영향을 받아 픽토리얼 메도 개념을 생각해 냈다. 봄에는 프리물라 불가리스 Primula vulgaris, 아네모네 네모로사 Anemone nemorosa, 솔리다현호색 Corydalis solida을 비롯한 수많은 소림의 보물이 저 멀리까지 펼쳐진다. 이때가 바로 공원이 가장 인상적인 시기다. 특히 4월에는 그늘진 구역이 절정에 다다른다.

이러한 식재가 화려하기는 하지만, 원예적 접근의 중요한 기본 원칙은 사람들에게 익숙한 식물을 주로 사용하고, 매번 똑같고 뻔한 '감탄 요소 wow factor'를 만들려고 하기보다 섬세함에 집중하는 것이었다. 근본적인 목적은 '매혹 fascination', 즉 작은 규모의 섬세한 복잡성을 구현해 사람들의

3. 히스랜드 식생이 조화를 이루는 탁 트인 빈터. 개방된 목초지에 이러한 공원들이 만들어진 때가 20세기였다는 사실이 믿어지지 않는다.
4. 인상적인 '세트피스 set-piece(연극·영화·음악 작품 등에서 특정한 효과를 낳기 위해 쓰이는 잘 알려진 패턴이나 스타일)' 식재. 자작나무 조림지 아래에 프리물라 엘라티오르 Primula elatior, 향기제비꽃 Viola odorata, 유럽은방울꽃 Convallaria majalis 이 있다.

관심을 끄는 것이었다.

연못 가장자리에는 수많은 동의나물Caltha palustris이 띠 무리로 식재되어 있으며, 웅장한 느낌으로 자리 잡은 왕관고비Osmunda regalis가 존재감을 드러낸다. 봄에 빠르게 솟아나는 고사리밥새로 돋아난 고사리에서 주먹 모양으로 돌돌 말려 뭉쳐져 있는 잎은 황홀한 장면을 연출하는데, 여름에는 이들의 규모 자체가 습한 구역에서 큰 구조 역할을 하며, 시들어 갈색이 된 잎줄기는 추운 겨울 동안 제자리를 지킨다. 습한 구역에 흔히 자리 잡는 또 다른 식물로 유포르비아 팔루스트리스 Euphorbia palustris가 있는데, 너무나도 왕성하게 자라 관목처럼 보일 정도이며 목질화된 줄기는 겨울에 주황색을 띤다.

떤 구역에서는 식재 사이로 더욱 아늑한 오솔길을 찾을 수도 있다. 정사각형 노출 골재 콘크리트로 포장된 비정형적인 선을 따라가다 보면 주 동선에서 멀리 벗어났다가 작은 다리를 건너서 다시 주 동선으로 되돌아오게 된다. 네덜란드에서 활동하는 정원디자이너 캐리 프레스턴Carrie Preston은 이런 현대적인 기능성 소재의 사용이 1950년대 네덜란드 모더니즘의 한 예라고 말했다. 다른 여러 나라와 달리, 네덜란드 정원디자인과 조경의 모더니즘은 원예를 미니멀리즘적으로 생각하지 않았기 때문에 이러한 소재들이 다양한 식재와 아주 잘 어울린다.

네덜란드 모더니즘

구불구불한 주요 동선은 더 넓은 경관으로 이어지지만, 어

1. 봄 호숫가에서 큰 무더기를 이루며 솟아오르는 왕관고비Osmunda regalis.
2. 자연주의 식재 사이를 굽이쳐 지나가는 현대식 콘크리트 동선.
3. 암스텔베인 공원의 특징 중 하나인 틈새 접점. 좁은 지점을 만들어 '열린open' 공간과 '닫힌closed' 공간 사이를 이동하는 느낌을 준다.

현대 자연주의의 이해
Understanding Contemporary Naturalism

정원·조경디자인의 역사는 자연과 인간의 밀접한 관계를 설명하는 자연친화적 철학과 비자연친화적 철학 간의 싸움이라 할 수 있다. 즉, 자연을 표현하는 정원과 통제된 자연을 표현하는 정원 사이의 끝없는 갈등이다. 흔히 정원을 '자연'과 '문명'으로 이분화해서 설명하곤 한다. 쉽게 말해 정형적이고 기하학적이며 질서정연한 것과 비정형적이고 낭만적인 것 사이의 선택으로 비추어진다.

어쩌면 더 깊은 차원에서는 자연계를 바라보는 전혀 다른 두 가지 견해의 대비로 볼 수 있다. 하나는 자연을 거칠고 위협적이며 안전하지 않다고 보며, 다른 하나는 자연을 온화하고 신비로우며 무한한 아름다움의 원천으로 본다.

자연을 통제하다

과거에는 지금과는 다르게 자연을 거칠고 위협적이며 안전하지 않다고 바라보았다. 그래서 우리가 알고 있는 가장 초기의 정원은 개척되지 않은 황무지와 대조되는 닫힌 공간에 만들어졌다. 이곳은 은신처와 보호의 기능이 발달했고, 문명화된 가치와 체계적인 경작을 장려했다. 그 예로 일본식으로 더 잘 알려진 중국 정원의 전통이 있다. 담을 둘러 외부 경관과 격리된 공간을 만들었고, 그 안에서 차분하고 감정이 고양되는 활동이 이루어질 수 있도록 했다. 내용상으로는 자연의 거친 부분들이 모두 제거된 평화롭고 간결한, 이상적인 자연경관을 고도로 양식화한 표상이다. 물론 대부분이 아름답지만 한편으로는 그저 밋밋하고 무난하다고도 할 수 있다. 마찬가지로 서양의 중세나 수도원 정원에서 호르투스 콘클루수스hortus conclusus, 중세시대의 닫힌 정원 enclosed garden을 의미하는 라틴어. 중정이라는 공간을 둘러싸고 있는 수도원 정원 형태는 자연과 문명의 대립을 나타냈다. 담으로 둘러싸인 정형적인 공간인 문명은 생산이나 영적인 회복을 추구했으며, 담 너머의 자연은 사악하고 위험한 영혼이 득실대는 무서운 황무지라 여겼다.

그럼에도 중세 정원의 공통된 특징은 '꽃동산flowery mead'이다. 이는 기존의 풀밭에 야생화와 재배하기 쉬운 초화를 밀도 높게 심어 꽃이 풍부한 구역을 말한다. 이러한 특징은 이 책의 맥락에서 매우 흥미로운 부분이다. 왜냐하면 일종의 이상화된 자연, 즉 다채롭고 향기로운 혼합 초지이지만 잡초 하나 없이 깔끔하게 정리된 자연을 나타내기 때문이다. 사실 이는 '향상된 자연nature-enhanced' 개념의 초기 사례로, 이러한 유형의 정원을 묘사하는 다양한 방식을 살펴보는 것도 흥미롭다. 노동의 장소인 호르투스 콘클루수스는 정원사들이 질서와 통제 상태를 유지하기 위해 노예처럼 일하는 모습으로 묘사된다. 반면 꽃동산은 사람들이 편하게 먹고 마시는 공간이며 방탕하고 퇴폐적인 모습으로 그려진다. 엄격하고 정형화된 화단에서 이루어지는 생산이 주는 금욕적인 이미지와 진중함, 그리고 꽃동산이 품고 있는 억압되지 않은 자유로운 영혼 사이에는 극명한 대조가 있다. 이는 내가 매슬로의 '욕구 단계' 피라미드 모델을 변형하여 제안한 개념과 매우 유사하다.

자연을 향한 태도의 시계추는 수 세기에 걸쳐 앞뒤로 흔들렸다. 이 책을 읽고 있는 당신이 자연과 조화를 이루는 정원과 조경에 조금이라도 관심이 있다면 비자연적 사고 anti-wild thinking에 영향을 받지 않는다고 생각할지도 모른다.

하지만 생태학적으로 영감을 받는 디자인 분야에서도 이와 같은 대조적인 태도가 나타난다. 바로 '좋은 자연good nature'과 '나쁜 자연bad nature'이다. 전자는 다양성이 높고 구조가 잘 잡혀 있어 이해하기 쉽고 매력적이지만, 후자는

1. 정원의 역사에는 정형적인 기하학, 직선, 각도, 통경선과 초점, 엄격한 통제의 오랜 전통이 있다. 이는 스코틀랜드의 핏메든Pitmedden(위), 영국의 그레이브타이 매너Gravetye Manor(아래) 그리고 영국의 트렌텀(58쪽)에서 볼 수 있다.

잡초가 무성하고 지저분하며 다양성이 낮다는 것이다. 결국, 자연을 어떻게 생각하는지는 마음가짐에 달렸다.

여기서 정원디자인의 역사를 이야기하려는 것은 아니지만, 우리가 지금의 시각을 갖도록 이끈 의미 있는 두 가지 동향을 간략하게 살펴보려 한다. 이는 '좋은' 디자인의 자연을 판단하는 기준은 무엇인지, 그리고 이 책의 초석이 되는 내용, 즉 자연을 향한 정서적 반응의 핵심은 무엇인지에 대한 지금의 관점과 밀접하게 연관되어 있다.

픽처레스크

픽처레스크picturesque라는 아이디어는 18세기 영국 풍경 운동English landscape movement이 끝날 무렵 두각을 드러냈다. 당시 가장 중요한 미학으로 여겨지던 자연을 모방한 케이퍼빌리티 브라운Capability Brown 스타일이 쇠퇴하기 시작하며 자연스럽게 나타난 발상이었다. 이에 따라 정원·경관 디자인에서 자연이 무엇을 의미하는지, 그것을 가장 잘 표현하는 방법은 무엇인지, 그리고 자연을 표현하는 정원을 만드는 과정에서 필요한 '뛰어난 안목good taste'이란 무엇인지에 관한 논의가 활발하게 이루어졌다. 하늘 아래 새로운 것은 없다는 상투적인 구절은 이러한 담론에 확실히 들어맞는다. 어느 여름, 나는 도서관에서 당시의 원서들을 자세히 살펴보았는데, 그때의 담론이 지금과 크게 다르지 않다는 사실에 놀랐다. 굳이 찾아낸 다른 점이 있다면 18세기 말의 박식한 신사들은 시까지 인용해 가며 우아한 친서를 주고받았고, 오늘날 우리는 소셜 미디어를 이용한다는 것뿐이다. 당시의 교류 역시 활발하고 사적이며 때로는 앙심을 품은 모습을 보여 주기도 했다.

2. 채츠워스하우스Chatsworth House의 18세기 케이퍼빌리티 브라운 파크랜드 Capability Brown Parkland. 훨씬 더 자유롭고 '자연스러운natural' 전통을 대표하면서도 나름의 방식대로 고안되었다.

이러한 담론을 형성한 주요 인물은 험프리 렙튼Humphry Repton, 윌리엄 길핀William Gilpin, 유브데일 프라이스Uvedale Price, 리처드 페인 나이트Richard Payne Knight였다. 이들은 이상화된 브라운식 조경을 구성하는 목초지, 굽이치는 호수, 덩어리진 나무와 숲이 있는 풍경이 무조건 자연스럽다는 의견에 이의를 제기했다. 대신 그런 풍경은 단조롭고, 지루하고, 건전하고, 안전하고, 단순하고, 통제된 것이라 특징지었다. 그들의 주장에 따르면 자연은 거칠고 불규칙하며 도전적이고, 예측할 수 없지만 감정적으로 흥분시키는 특징을 가진다. 실제로 이러한 생각이 시작된 계기는 에드먼드 버크Edmund Burke가 1757년에 발간한 《숭고와 아름다움이라는 관념의 기원에 대한 철학적 탐구A Philosophical Enquiry into the Origin of Our Ideas of the Sublime and Beautiful》였다. 이 책은 전형적인 케이퍼빌리티 브라운 영국 풍경 스타일인 부드러운 형태와 곡선을 가진 '아름다운beautiful' 경관이 만들어내는 편안하고 안정적인 감정에서부터 험준한 산, 부서지는 폭포, 어둡고 깊은 숲 등 원시적인 자연의 '숭고한sublime' 경관이 불러일으키는 극도의 공포, 두려움, 경외심에 이르는 경관에 대한 정서적 반응의 척도를 제시했다. 픽처레스크는 그 중간 지점을 차지한다. 본성은 거칠고 불규칙한 자연이지만 위협적이지 않다는 측면에서 매혹적인 야생을 일종의 화첩으로 본다는 낭만적인 관점을 보여 준다. '아름다움'은 온화하고 곡선미가 있으며, '픽처레스크'와 '숭고함'은 거칠고 모험적이라는 것이다. 토론을 이끌었던 주요 인물이 남성이라 자연스럽게 성별 고정관념이 많이 담겼다. 그러나 중요한 점은 이러한 태도가 오늘날의 자연주의 식재 디자인에 관한 사고에 많은 영향을 준다는 것이다.

픽처레스크적 관점에는 두 가지 요소가 있다. 하나는 이 책의 철학에 도움이 되고, 다른 하나는 그렇지 않다. 전자는 픽처레스크적 경관, 정원 또는 식재가 기본적으로 매력적인 자연의 '그림picture'을 만들어 틀에 넣는다는 개념이다. 다시 말해 이는 예술적인 기교가 필요하며 매우 완벽하게 고안된 구성을 의미한다. 여기서 자연경관, 자생지나 식물군집을 맹목적으로 모방하기보다는 자연의 불완전함을 제거하여 그림 같은 효과를 내도록 조합한 것이다. 원예가·정원가·디자이너와 생태학자·복원가·자연보호론자를 구분하는 바로 이러한 회화적 관점이 나의 작업 방식이다.

그러나 후자는 부서지고 버려진 것들 즉, 퇴락과 방치의 낭만적인 감각과 관련되어 있다. 이 관점에서 자연은 사람들의 손길이 사라지면 돌아오는 것으로 여겨졌기 때문에, 허물어지고 자연에 뒤덮여 가는 폐허와 자연의 미세한 불규칙함에 매료된다. 결과적으로 픽처레스크적 아이디어는 지나치게 사소한 요소에 초점을 맞추거나 약간 퇴락한 예스러운 경관, 시골풍, 과거를 예찬하는 등 촌스럽고 감상적인 사고방식이나 작업방식을 연상시킨다. 이는 많은 원예와 정원디자인 작업에 기반이 되며, 오늘날에도 여전히 우리와 함께한다. 해마다 장인의 손길이 닿은 매력적이고 '폐허 같은dilapidated' 건물과 함께 픽처레스크적이고 소박한 자연주의 식재를 첼시플라워쇼Chelsea Flower Show에서 볼 수 있다. 자연의 모습 하면 연상되는 것이 바로 이러한 낭만과

영국 노스요크셔주North Yorkshire의 핵폴Hackfall. 전형적인 픽처레스크 정원으로 극적이고 경외심을 불러일으키는 계곡, 폐허가 된 건물과 인공적인 성곽을 갖추고 있다. 실제로는 매우 정교하게 연출된 자연 그대로의 낭만적인 풍경이다.

감상주의인 것 같다. 확실히 이러한 관점은 미래를 내다보는 생각이나 맥락, 또는 도시 생활과는 관계가 없으며, 촌스러운 감상적 함정에 빠지지 않아야 한다는 것이 나의 기본 원칙이다.

경관에서 '숭고함'은 그냥 지나치기에는 아까운 개념이다. 나의 작업 대부분은 '숭고한' 경관과 정원 경험을 만드는 일이라 말하고 싶다. 안전함과 안정감을 느낄 때만 그러한 경험이 가진 힘을 제대로 이해할 수 있다는 생각은 매슬로의 피라미드 변형 모델을 떠오르게 한다.

모더니즘

자연을 바라보는 픽처레스크적 발상이 대중적이고 낭만적인 정서에 걸맞은 매력 덕분에 뿌리를 내렸다면, 20세기 중반에는 그 반대의 발상이 자리 잡았다. 모더니즘modernism은 경관과 사고방식에서 그 감성을 완전히 제거하고 논리·과학·합리적 사고를 바탕으로 순수하고 깨끗한 이상을 구현하려 했다. 소박한 느낌은 모두 사라졌고, 섬세하고 복잡한 자연을 흉내 내려는 모든 시도는 까다롭고 혼란스러운 것으로 치부되었다. 모더니즘은 도시 생활에 맞추어져 있었고, 기술 발전이 가져다줄 밝은 미래를 기대했기에 무작위성, 강한 질서 의식, 미니멀리즘이 식재디자인의 지침이 되곤 했다. 자연에서 영감을 받는 디자이너들의 이상은 사람의 손길이 닿지 않은 것처럼 보이는 경관을 만드는 것이다. 하지만 실제로 자연스러워 보이는 경관을 조성하는 일은 진정한 디자인이 아니며, 창의적인 기술이 별로 필요하지 않다는 분명한 인식이 있었다. 안타깝게도 생태학적 사고와 디자인의 창의성은 함께하지 못한다는 인식이 오늘날까지 이어지고 있다.

암스텔베인의 야크페테이서파크. 자연주의 식재 사이에 사용된 네모난 콘크리트 포장재는 그 자체로 모더니즘적인 느낌을 자아낸다.

모더니즘의 다소 엄격한 접근 방식에 걸맞게, 질서정연한 스타일의 기초가 되는 추상적이고 유기적인 형태에 관한 탐구가 활발하게 이루어지고 있다. 아마도 가장 잘 알려진 사례는 북아메리카의 조경가 토마스 처치Thomas Church의 정원으로, 1955년에 출간된 고전 《정원은 사람들을 위한 곳이다Gardens are for People》에 나온다. 아메바 같은 곡선 형태의 아름다운 잔디밭, 수영장, 식재 구역이 모두 적절하게 맞물리며 강한 통일감과 일관성을 만들어 낸 정원이었다.

여기에서 모더니즘을 언급하는 것이 이상하게 보일지도 모른다. 언뜻 보기에 자연주의적 식재디자인에서 특별하다고 여기는 많은 부분을 거스르는 것처럼 보이기 때문이다. 하지만 감정적인 사고를 정화하고 생태학적 디자인을 방해하는 토속적이고 투박한 성향을 제거해야만 자연과 조화를 이루도록 조정된 식재가 추진력을 가지고 북적이는 현대 도시나 시골 모두에 잘 자리 잡을 수 있다. 예를 들어 '네덜란드 모더니즘Dutch modernism' 양식은 시골풍이거나 자연적인 재료가 아닌 단순한 콘크리트 포장재를 자연주의 식재 사이에 사용한다. 여기서 얻을 수 있는 교훈은 세세한 부분에 집착하거나 지나치게 의존하는 일을 멈추고 명확함과 전체를 보는 사고방식을 선택하라는 것이다. 마지막으로 순전히 다양함에 집중하기보다는 오로지 형태나 기능으로만 식물을 선택하듯 구성 요소의 선택은 엄격해야 한다는 것이 주요 지침이다.

이상하게 들릴 수도 있지만, 낭만적인 픽처레스크 사상과 기능적이며 객관적인 모더니즘은 모두 현대 자연주의의 주된 요소를 형상화하는 데 큰 영향을 미쳤다.

현대 자연주의의 세 가지 유형

우리는 흔히 사용하는 '자연주의 식재디자인naturalistic planting design'과 '새로운 여러해살이풀 식재new perennial planting'는 같은 의미이며, 모두 이 의미를 이해하고 있다고 여긴다. 하지만 실제로 현대 자연주의는 매우 다양한 범위의 접근 방식과 유형을 아우르는 포괄적인 용어다.

각각의 접근 방식에는 고유한 디자인 전문용어와 방법론이 있으며, 식재 배치를 나타내는 그 나름의 방식이 있다. 이 중 일부는 매우 기술적이거나 복잡하며, '자연주의'를 구성하는 요소 자체로도 매우 혼란스러울 수 있다. 나는 이러한 혼란과 복잡함을 이해하고, 자연주의적인 식재디자인 방법론의 기초를 형성하는 공통된 원칙과 개념을 제안하고자 한다.

간단한 전후 관계와 역사적 사건을 살펴보았으니, 이제 현대 자연주의의 이해로 돌아가서 다양성에 영향을 미친 픽처레스크와 모더니즘 사상의 차이를 탐구해 보자.

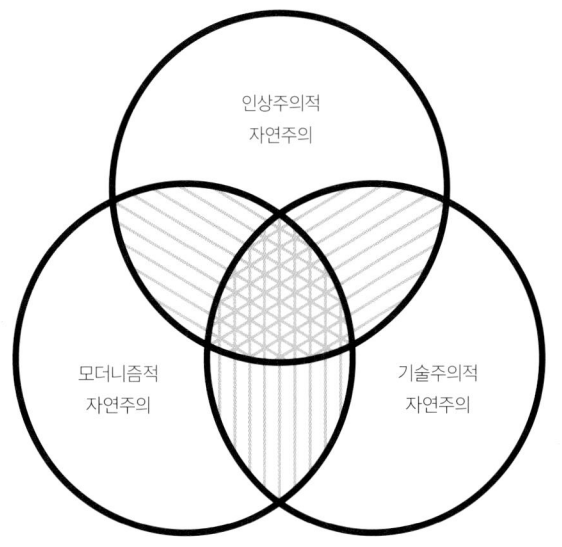

자연주의는 각각 장점과 특색이 있는 세 가지 유형, ① 인상주의적 자연주의 ② 기술주의적 자연주의 ③ 모더니즘적 자연주의가 있다. 중복되는 부분도 있지만 이 분류로 유형 간 주된 차이점을 파악할 수 있다. 나는 각 유형에서 가장 좋은 요소들을 하나로 합치기를 좋아한다.

인상주의적 자연주의

인상주의적 자연주의는 앞서 말한 세 가지 중 가장 오래된 유형이다. 20세기 식재디자인에 깊이 뿌리내렸으며, 낭만적인 픽처레스크 사상의 후예라 할 수 있다. 여기서 '야생원wild garden'에 대한 현대적인 개념이 탄생했고, 원예와 예술이 결합하며 정원과 조경 분야의 식물 재배 인식이 변화했다. 그저 각각의 식물을 기르는 것이 아니라, 식물을 구성요소로 여기기 시작한 것이다. 우리는 생태학이 생겨나기도 전인 1870년에 발간된 윌리엄 로빈슨William Robinson의 《야생원The Wild Garden》에서 생태학적 사상에 관한 첫 힌트를 얻을 수 있다. 그는 초지, 소림, 습지 등의 기존 서식처에 내한성이 강한 여러해살이풀을 도입할 것을 제안했다. 이것은 식물이 자생지와 같은 조건에서 잘 자란다는 '적지적수適地適樹, right plant, right place' 원칙을 완벽하게 보여 준다. 더불어 다소 논란이 많은 '향상된 자연'이라는 개념에 시동을 걸었다. 내가 계속해서 연구하고 있는 이 개념은 디자인된 경관에서 다소 단조로워 보이는 식생에 다른 식물종을 추가하여 더 극적이고 풍부한 볼거리를 더하는 것이다. 또 로빈슨은 자연의 패턴에서 영감을 받은 훨씬 더 완화된 접근 방식을 선호하여 형식적이고, 과도하며, 인위적인 것에 반대하는 움직임이 대중화되도록 하는 데 중요한 역할을 했다.

하지만 여기서 정말 주목해야 할 인물은 거트루드 지킬이다. 많은 급진적인 현대 자연주의 디자이너의 주장과 정반대에 있는 지킬을 주목해야 한다는 사실이 이상하게 느껴질 수도 있다. 맞는 말이다. 지킬은 지금 우리가 제안하는 것보다 훨씬 엄격한 방식을 취했다. 같은 종으로 된 띠무리와 블록이 뚜렷하고, 식재 구역 앞쪽에 키 작은 식물을, 뒤쪽에는 키 큰 식물을 식재해 층을 이루게 했다. 그러나 인상파 작가들의 작품에 매료된 예술가였던 그는 원예학이 지배적인 정원 식재 세계에 색과 빛이라는 개념을 가져왔다. 또 지킬의 작업은 비교적 정형적인 경계화단flower borders으로 잘 알려졌지만, 윌리엄 로빈슨의 영향을 많이 받았다. 지킬의 글에는 자신의 집인 먼스테드 우드Munstead Wood를 둘러싼 왜림, 소림, 히스랜드와 초지에서 받은 영감이 가득하다. 1899년 저서 《숲과 정원Wood and Garden》의 한 단락은 다음과 같다.

> 골짜기의 늪지대는 동의나물Caltha palustris로 빛난다. 습한 초지에도 풍성하게 자라지만, 깊은 골짜기 아래에 있는 오리나무 습지에서 가장 크고 아름답게 자란다. 검은 진흙과 물웅덩이 위로 소담스러운 한 무리clump의 동의나물이 솟아난다.

지킬은 주변 풍경의 여러 요소를 자신의 정원에 포함시켰다. 자작나무속·향나무속 나무, 둥근인가목Rosa spinosissima이 자라는 모래질의 히스랜드가 단골 요소였다. 하지만 로빈슨과 지킬은 미술공예운동Arts and Crafts Movement에서도 없어서는 안 될 인물이었다. 따라서 낭만이고 감상적인 시각으로 전원생활, 전통 공예, 어수선한 코티지가든cottage-garden, 빽빽하고 풍성한 식재와 전통적인 소재가 뒤섞이며 어우러지는 정원을 바라보았고, 자연주의 식재의 투박하고 공예적인 연관성을 더욱 강화했다.

하지만 여기서 중요한 것은 지킬과 인상주의 사이의 연결고리다. 그는 식물을 예술 소재로 보고 인상주의 회화의 붓질과 유사한 방식으로 사용하여 색채 관계를 심도 있게 이해한 추상적인 구성을 만들어 냈다. 이는 종종 그림 같은 식재디자인 방법이라 불리지만, 지난 100년 동안 영국 정원디자인의 많은 부분을 전형적으로 보여 주는 매우 생생한 회화적인 방법이기도 하다.

이러한 구성을 만들어 내는 핵심 요소는 식재조합plant association이라는 개념이다. 조화롭거나 대조적인 시각 효과를 내기 위해 형태·색상·질감을 기반으로 식물을 능숙하게 조합한다. 이는 식물 개체나 그룹group을 섬세하고 정밀하게 배치하는 표준 세부 식재 계획의 기초가 된다. 이 대목에서 식물을 다루는 창의성과 예술성이 크게 요구된다. 디자이너들은 이를 위해 도면을 이용하지만, 정원을 가꾸는 사람들은 현장에서 식물을 직접 배치해 보며 만족스러운 조합을 만든다.

개별로 심건, 블록이나 띠무리로 모아 심건 원하는 결과를 얻기 위해서는 뚜렷한 의도를 가지고 식물을 조합하는 일이 핵심이라는 사실을 이해해야 한다. 이는 다른 방법과

달리 정확한 결과를 얻을 수 있어서 특히 색을 다룰 때 내가 중요하게 생각하는 방식이다. 다른 두 가지 자연주의 식재 유형은 계획적인 식재조합에 훨씬 덜 의존하기 때문에, 나중에 이야기할 전통적인 색채이론이나 개념을 다루는 일이 매우 퇴보적으로 보일 수 있다. 하지만 내 생각은 다르다. 자연주의 식재의 다른 원칙과 함께 색채를 세심하게 고려하면 디자인을 완전히 다른 수준으로 끌어올릴 수 있다. 그러나 아무리 치밀하게 의도한 식물조합이라도 생태적 적합성과 역동성에 주안점을 두지 않는다면, 진정으로 능동적인 자연주의 효과를 내기 위해 엄청난 기술을 요구할 뿐만 아니라, 그 환상을 유지하기 위해 고도로 숙련된 집중관리가 뒤따라야 할 것이다.

이러한 인상적이고 매우 기교적인 전통을 계승하며 현대적인 생태학적 감수성을 세련되게 결합하는 요즘의 디자이너로는 댄 피어슨Dan Pearson, 톰 스튜어트스미스Tom Stuart-Smith, 사라 프라이스Sarah Price가 있다.

1. 영국 노스요크셔주의 슬라이트홈데일 로지Sleightholmedale Lodge(영국의 가족정원). 미술공예 전통인, 개별 종과 품종을 과감하게 그룹 지어 그림 같고 인상주의적이며 비정형적인 식재가 극적으로 자유롭게 펼쳐져 있다. 디자인: 로잔나 제임스Rosanna James
2. 식재조합의 기술. 위 사진은 영국 그레이트 딕스터의 정원이다. 식물 하나하나의 색상과 질감을 보기 좋게 그룹 지었다. 아래 사진은 영국왕립원예협회의 위슬리가든으로, 톰 스튜어트스미스가 길을 따라 디자인했다. 모든 식물이 둥근 형태를 띠지만 질감과 색상은 다르다.

현대 자연주의의 이해 067

1. 톰 스튜어트스미스의 개인 정원에 있는 안뜰.
2. 트렌텀가든의 이탈리아정원. 식재디자인: 톰 스튜어트스미스

기술주의적 자연주의

마치 아마추어 박물학자처럼 야생을 관찰하는 인상주의적 자연주의 유형은 예술적이고 섬세하게 계획된 식재조합에 기초한다. 반면 기술주의적 자연주의 유형은 훨씬 더 과학적이고 기술적인 방법론을 취한다. 결과적으로 과거 규칙이나 시골풍을 거부하는 뚜렷한 태도는 픽쳐레스크보다는 모더니즘적 사고에 가깝다.

간단히 말해, 기술주의적 유형은 현대 자연주의 식재디자인을 바라보는 독일의 전통적인 시각과 가장 밀접하게 연관되어 있다. 여기서 현대 자연주의 식재디자인은 리하르트 한젠Richard Hansen과 프리드리히 슈탈Freidrich Stahl이 1993년에 쓴 고전 《여러해살이풀과 정원 속 자생지Perennials and Their Garden Habitats》가 출판된 이후 국제적으로 영향을 미치게 되었다. 그러나 이는 그저 1920~30년대에 칼 푀르스터Karl Foerster와 다른 정원사들이 자연의 여러해살이풀을 대담하게 사용했던 오랜 전통을 새롭게 표현한 것에 불과했다(72쪽 모더니즘적 자연주의 참고). 하지만 1980~90년대 독일의 공공장소와 정원 축제에서 자연주의적 여러해살이풀을 식재하는 일이 급격히 늘어났고, 한젠과 슈탈의 책 때문에 독일 밖의 더 많은 사람이 이러한 개념을 접하게 되었다. 그 결과 엄격하고 과학적인 개념의 틀이 생겨났다.

기술주의적 접근법은 원예생태학 또는 생태원예학처럼 과학적인 생태학 원리와 설계되고 재배된 환경에서 식물을 기르는 원예적 행위가 통합된 것으로 가장 잘 설명할 수 있다. 자연에서 식물이나 군락을 어설프게 관찰하는 방식과 달리 상세한 과학적 측정과 기록, 실험적인 시도 그리고 디자인에 활용될 수 있도록 식물을 다양한 생태 유형으로 분류하는 작업에 기반을 둔다. 이러한 분류는 생장 형태와 습성, 경쟁성, 식물이 고립된 개체에서부터 왕성한 무리를 이루며 자라기까지 보여 주는 상대적 성향인 식물 사회성plant sociability, 또는 자생지 유형과 연관될 수 있다.

이 유형은 비교적 엄격한 식재디자인 규칙과 방법론을 전개하는 경향이 있는데, 그중 일부는 압도적으로 복잡할 수 있다. 예를 들어, 한젠과 슈탈은 전문용어를 사용했다. 식재의 주요 틀을 형성하는 '표본 또는 구조식물specimen or structural plants', 언제나 주요한 시각적 인상을 주는 '주제식물theme plants', 주된 시각적 요소를 뒷받침하는 '동반식물 또는 지피식물companion plants or groundcovers', 찰나의 계절감을 강조하는 알뿌리식물bulb, 구근식물이나 한해살이풀을 '채움식물filler plants'이라 했다. 식재디자인은 구조식물로 시작하여 채움식물로 마무리되며, 각 유형의 식물들이 다양한 층을 이룬다. 이러한 디자인 기법은 토마스 라이너Thomas Rainer와 클라우디아 웨스트Claudia West가 2015년에 출간한 획기적인 책 《야생 식재의 새로운 접근Planting in a Post-Wild World》에서 재구성되었다. 이 책에서 공부를 시작하는 모든 독자를 위해 소개한 다수의 규칙은 상당히 좁은 범위의 군락 유형에 기초했기 때문에 이러한 규칙들이 결론이라거나 유일한 방법이라 여기면 안 된다. 그 예로, 다음 장에서 자세히 살펴볼 초지 군락은 다른 자연 모델들을 더

3. 영국 사우스요크셔주South Yorkshire 로더럼Rotherham의 무어게이트크로프츠비즈니스센터Moorgate Crofts Business Centre의 옥상 테라스. 구체적인 식재계획 없이 '무작위 식재' 방식으로 조성되었다. 식재디자인: 나이절 더닛

깊이 연구할 수 있도록 넓은 범위를 제공한다.

기술주의적 자연주의의 많은 부분을 생물지리학으로 설명할 수 있다. 프레리와 스텝처럼 서로 다른 지역에 위치하지만, 지리적으로 동일한 영역에서 나타나는 식물종을 조합하여 완전히 다른 국가나 지역에 군락을 디자인하기 때문이다.

기술주의적 자연주의 식재 계획은 이해하기 매우 어렵고 시간도 많이 필요한데, 이것이 바로 오늘날의 무작위 식재random planting 개념이 주목받게 된 이유 중 하나다. 무작위 식재는 저절로 생겨난 것만 같은 자연스러운 효과를 위해 개별 식물의 배치를 고려할 필요가 없음을 의미한다. 대신 특정 조건에서 서로 호환될 수 있으며, 다양한 비율로 식물을 엄선하여 혼합식물을 구성하고, 정해진 영역 전체에 무작위로 심는다. 이에 카시안 슈미트Cassian Schmidt 같은 디자이너들은 용기container에서 기른 식물을 사용하는 혼합식재에 주목했지만, 나는 제임스 히치모의 책《아름다움을 심다: 파종으로 디자인하는 꽃 피는 초지》에서 종합적으로 설명한 것처럼 혼합씨앗을 활용할 때에도 정확히 같은 원리가 적용된다고 생각했다. 여기서 혼합식물과 혼합씨앗은 기관과 대학에서 수행한 과학적인 연구 결과인 경우가 대부분이다.

기술주의적 접근법에서 주목해야 할 핵심은 식물 선택의 주요 요인으로 생태학적 적합성을 최우선으로 고려하고, 자연 또는 준자연의 '참조' 군락을 설계된 군집의 기초로 사용하는 것이다. 무작위 식재 기법을 사용할 경우, 기존 혼합식재가 담고 있는 것 이상의 '식재조합plant

association'이 지닌 본질이 사라지며, 상세한 식물 배치가 불가능해진다. 하지만 이러한 기술주의적 접근을 한다면 자연스러움과 생기를 느낄 수 있으며 과학적 토대가 신뢰감을 주는 놀라운 결과를 얻을 수 있다.

게다가 군락 디자인에 초점을 맞춘다는 것은 식재디자인의 일부 '기교적인artful' 요소가 별 소용이 없으니 여기서는 고려되지 않는다는 사실을 의미한다. 예를 들면, 전통적인 색채 개념보다는 생태적으로 적합하고 공존할 수 있는 식물을 한데 모으는 일에 집중하는 것이다. 실제로 많은 사람은 완전히 다른 규칙과 원칙에 속해 있는 '생태적 미학ecological aesthetic'을 다루는 일이 이러한 전통적인 개념과 무관하다고 주장할 것이다. 이러한 맥락에서 이 접근법은 모더니즘적이다. 그 이유는 일반적인 상식에 적극적으로 맞서고, 억지로 꾸미지 않으며, 픽처레스크적 효과를 위해 개별 식물조합을 사소하고 복잡하게 만드느라 애쓰는 대신 가장 효율적인 방법으로 순수한 결과물을 지향하기 때문이다. 하지만 설계된 군락에 중점을 두고 있기 때문에, 같은 종으로 넓은 공간을 채우려는 경향이 있으며, 작은 면적에 이 개념을 적용할 때는 어려움이 있을 수 있다. 식물 선택에 있어 생태학적 적합성이 주된 원동력이 될 때도 보는 관점에 따라 어울리지 않는 형태와 색채가 엉망으로 뒤섞인 시각적 결과를 낳을 수 있다.

나와 셰필드대학교의 제임스 히치모가 수행한 많은 작업이 대체로 이러한 기술주의적 자연주의의 범주에 속한다고 할 수 있다.

1. 올림픽파크의 판타스티콜로지 Fantasticology 구역. 혼합씨앗 디자인으로 조성했다. 식재디자인: 나이절 더닛
2. 혼합씨앗 디자인으로 조성한 영국왕립원예협회 위슬리가든 프레리 초지의 모습. 식재디자인: 제임스 히치모

3. 트렌텀가든의 여러해살이 초지. 저절로 나타난 듯 자연스러운 효과를 낼 수 있는 무작위 식재 방식으로 조성했다. 사진은 늦봄과 가을의 모습이다. 식재디자인: 나이절 더닛

모더니즘적 자연주의

나는 어수선한 느낌과 불필요한 장식을 제거하고 명확하고 단순하며 엄선된 식재 요소를 도입해 기능과 효율성을 극대화하는 모더니즘의 정화 효과에 주목해 왔다. 자연주의 식재에서 높은 종 다양성과 야생의 모습을 예찬하려는 유혹이 있을 수 있다. 하지만 엄선된 요소와 단순한 형태를 이용하면 다채로운 자연주의 식재가 지저분하게 전락하는 것을 방지할 수 있다. '아름다움은 보는 이의 관점에 달려 있다beauty is in the eye'라는 옛 격언에 들어맞는 대목이다. 좀 안다는 사람들이 모두의 관점이 같다고 넘겨짚는 모습을 볼 때면 생태적 외관에 대한 감탄은 학습된 반응일 수 있다. 누군가가 예찬하는 생태적 다양성과 구조적 층위가 다른 이들에게는 지저분한 난장판으로 보일 수 있다.

피트 아우돌프는 현대 자연주의 스타일의 대중화를 위해 누구보다 큰 공헌을 한 네덜란드의 정원디자이너다. 그의 디자인은 다른 두 유형보다 분명하게 구조화된 틀 안에서 이루어지며, 이른바 '네덜란드 모더니즘'이라 불리는 개념에 큰 영향을 받았다. 이는 유명한 조경가이자 정원인 민 라위스Mien Ruys의 작품에 가장 명확하게 표현된다. 미술공예운동 디자이너들이 기하학적 구성정원architectural garden, 건축적인 구성으로 만든 정원 레이아웃layout과 느슨한 인상주의적 식재를 결합했듯이, 라위스는 강하고 단순한 배치와 부드럽고 편안한 식재를 조합했다. 하지만 그 스타일은 전혀 달랐다. 미술공예운동은 천연 수공에 재료를 사용하며 소박하고 전통적인 이상을 꿈꾸었지만, 모더니즘적인 접근 방식은 현대 산업재료와 추상 기하학뿐만 아니라 형식 기하학 구조까지 사용했다. 또 모더니즘 정원디자이너 대부분은 목본성이 아닌 온갖 종류의 복잡한 원예종 식재를 불필요하고 실속 없는 거품이라고 여겼다. 그러나 라위스는 역동적인 여러해살이풀 식재라는 번뜩이는 아이디어를 품고 자신의 건축적 틀에 녹여 냈다. 하지만 그는 아무리 느슨한 식재일지라도 단순함과 명료함이라는 신조는 지켰다.

라위스식 식재디자인의 영향력은 혁신적이었다. 그는

독일의 육종가이자 디자이너인 칼 푀르스터 등이 개발한 여러해살이풀과 관상용 그라스를 과감하고 자유롭게 사용했다. 이들은 정원에서 겨울을 잘 나며 안정적이고 관리가 쉽도록 엄격하게 선정된 식물로 1년 내내 지속될 구조와 형태를 만드는 것에 중점을 두었다. 꽃이 피는 여러해살이풀을 비정형적으로 크게 무지리어 식재했고, 수직적이고 구조적인 그라스와 여러해살이풀을 그 사이사이에 배치했다. 거트루드 지킬과 마찬가지로 칼 푀르스터도 윌리엄 로빈슨의 야생원 개념에 영향을 받았다. 하지만 라워스는 인상주의의 그림 같은 접근 방식에서 벗어나 대담하고 파격적인 식물 배치를 받아들여 극적인 파장을 일으키는 방향으로 나아갔다.

독일에서는 이러한 영향이 가장 과학적 유형인 기술주의적 자연주의로 이어졌다. 반면 네덜란드에서는 더욱 다양하고 부드러운 방향으로 나아갔다. 생태학적 기능은 물론이고, 무작위적인 조합보다는 미적 고려 사항과 식재조합의 요소에 더 많은 여지를 두었다. 이러한 네덜란드의 사례가 바로 앞서 언급했던 암스텔베인의 헴파크다. 이는 자연공원과 정원처럼 보이지만 과감하게 그룹을 이루어 펼쳐지는 야생화와 현대적인 조경 재료를 사용했으며, 전체적으로 강하고 명확하게 디자인되었다.

피트 아우돌프의 작품에서는 이 부드러운 모더니즘 요소를 많이 찾아볼 수 있지만, 상대적으로 인상주의나 픽처레스크적 사고는 거의 없다. 즉, 식물을 선정할 때 꽃의 장식적인 역할보다는 형태·구조·기능에 집중한 매우 엄격한 접근 방식이다. 아우돌프의 초기 식재 스타일에서는 여러해살이풀과 그라스는 비교적 단순하게 맞물린 블록과 띠 무리로 식재되어 기초를 이루고, 그 위로 솟아오르거나 구조적인 식물이 좀 더 무작위로 배치되곤 했다. 이후의 식재 스타일은 더욱 섞이고 혼합되었지만, 각각의 혼합체 자체가 띠무리나 곡선으로 길게 펼쳐지며 그 역시 단순하면서도 명료한 구조가 있다. 그리고 각각의 혼합식재는 단순하며 신중하게 선정된 소수의 종으로 구성되었다. 이는 기술주의적 자연주의 유형의 다양한 무작위 혼합식재와는 거리가 멀다.

1. 미국 시카고의 루리가든Lurie Garden. 현대적이고 경직된 도시환경에 자리한 자연주의적 식재를 볼 수 있다. 식재디자인: 피트 아우돌프
2. 트렌텀가든의 가을. 대량으로 식재되어 흐르는 강물 같은 풍경을 연출하는 몰리니아 카이룰레아 Molinia caerulea 재배품종의 모습이 과감하고 극적이다. 식재디자인: 피트 아우돌프
3. 트렌텀가든의 여름과 가을. 겨울에도 여름만큼 보기 좋은 구조가 두드러지는 여러해살이풀을 사용하는 것이 피트 아우돌프의 주요 식재 스타일이라 할 수 있다.

1. 영국 서머싯주Somerset 하우저앤드워스Hauser and Wirth의 매트릭스 식재. 곡선을 이루며 길게 펼쳐진 그라스와 솟아오르는 여러해살이풀, 다간형multi-stem 교목으로 구성되었다. 식재디자인: 피트 아우돌프
2. 하우저앤드워스의 여유롭고 비정형적인 식재. 깔끔하고 모던한 형태를 보여 준다. 식재디자인: 피트 아우돌프

1980년대 미국에서는 볼프강 외메Wolfgang Oehme와 제임스 밴스위든James van Sweden이 새로운 미국 정원의 흐름을 주도했다. 마찬가지로 층을 이룬 여러해살이풀과 그라스를 거대하고 과감하게 그룹 지어 모더니즘적인 방식으로 사용했다. 하지만 이러한 방식은 미국에 널리 퍼진 유럽 정원 스타일의 자연주의적 대안으로 추진되었으며, 웅장하고 큰 규모의 미국 조경과 훨씬 더 조화를 이루었다. 존경받는 미국의 조경가 대럴 모리슨Darrel Morrison은 옌스 옌센의 픽처레스크적 관점을 따랐지만 자생종을 사용하여 고도로 정형화되고 추상화된 군락을 만들었다. 주인공 역할을 하는 종들이 단순하게 혼합되며 흐르는 띠무리로 배치되어 깔끔한 모더니즘 스타일을 보여 준다.

모더니즘적 유형에서 명확한 형태와 단순한 구조는 '가독성legibility'이라는 분명한 장점을 제공한다. 다시 말해 질서와 형식이 있으며, 기술주의적 유형에서 볼 수 있는 자유로운 무작위성에 비해 이해하기 쉽다. 또 식물을 엄격하게 선정하고 꽃의 장식적인 역할보다는 형태를 부각하고 감상을 배제해 시골뿐만 아니라 고도로 발달한 현대적인 도시 환경에도 완벽하게 적합하다. 식물의 단순한 혼합과 조합에 초점을 둔다면, 예술성과 세심하게 계획된 미학을 실현할 가능성이 훨씬 더 커진다. 그러나 너무 이에 집중하게 되면 자연스러운 기술주의 유형이 보여 주는 생기와 자유분방함이 결여될 수 있다. 반대로 끊임없이 형태와 기능에 집중하면 모더니즘적인 방식처럼 포근함과 정서적인 느낌이 부족할 수 있다.

현대 자연주의 식재디자인의 세 가지 유형 요약

유형	인상주의적	기술주의적	모더니즘적
핵심 속성	그림 같은, 예술적	과학적	추상적
주요 방법	식재조합	혼합식물	혼합식물, 식재조합
식물 선정의 핵심 요소	색	생태적 군락	식물 형태
배치	띠무리와 블록	복잡한 상호작용, 층위layers	띠무리, 복잡한 상호작용

앞으로
나아갈 길

하지만 이 모델을 더 자세히 알아보기 전에, 한 걸음 물러서서 자연의 세계로 빠져드는 시각적 여행을 떠나야 한다. 그곳에서 행복과 영감을 주는 사례를 깊이 살펴보며 핵심 개념과 교훈을 이끌어 내도록 하자. 그다음 우리의 식재에 어떻게 담아낼지 그 방법을 고민해야 한다.

자연주의의 세 가지 유형은 각각의 장단점이 있지만, 서로 다른 디자인 방법론을 이해하는 과정은 아주 혼란스러울 수 있다. 그래서 나는 모든 자연주의 유형의 가장 좋은 점을 하나로 엮은 지침을 제안하고자 한다. 바로 휴먼 스케일 안에서 짜임새 있고 몰입할 수 있는 정원·경관을 조성하는 데 도움이 될 만한 간단한 원칙과 사고방식이다. 나는 이를 식재디자인을 위한 유니버설 플로 모델Universal FLOW model이라 부른다.

이 모델은 인상주의적·기술주의적·모더니즘적 자연주의가 교차하는 영역인 도표의 검은 점이 있는 영역을 의미한다. 여기서 중요한 특징은 자연주의적인 식재디자인에 식재조합이라는 개념을 다시 도입하고, 기술주의적 접근법의 과학적 엄격함과 무작위성에 신중히 고려한 예술성을 부여한다는 것이다.

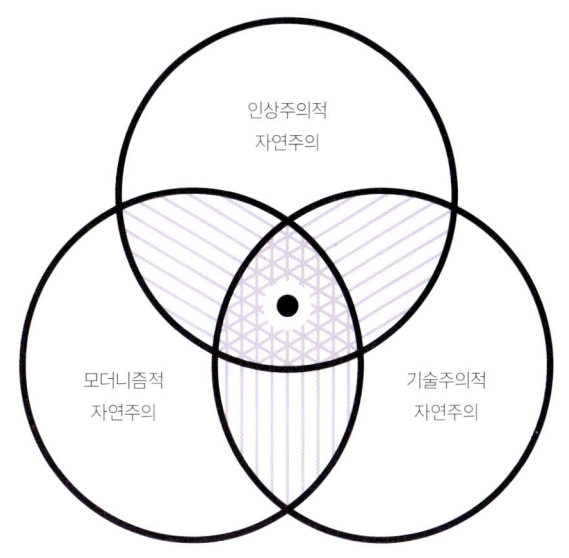

바비칸에 디자인한 대규모 식재 계획의 일부. 과학적 배경 안에서 거듭된 연구와 실험 끝에 이루어 낸 훌륭한 결과다. 이 식재는 질감과 형태의 대비가 극명한 시각적 특징이 인상적이며, 층위를 만들어 낸다. 자연주의적인 성격이 강하며, 식물들은 밀접한 관계를 맺고 있지만 비교적 단순하고 추상적이다. 식물이 배치된 방식은 무작위적 요소가 큰 편이지만 의도적으로 배치한 구조식물의 강력한 틀 안에서 이루어진다. 이는 인상주의적이고, 과학적이고, 현대적인 접근 방식을 총망라한 자연주의 식재디자인 접근법의 표본이다.

자연 읽기 Reading Nature

사람들이 이야기하는 '자연에서 영감을 받는다'는 말은 실제로 무엇을 의미할까? 과연 우리는 모두 같은 것을 이야기하고, 같은 기준을 가지고 있을까? 이번 장에서는 나만의 영감과 기준에 관한 이야기를 하려 한다. 오랜 시간 겪어 온 순전히 개인적인 경험이지만 많은 사람과 함께 나누고 싶다. 나는 관찰하고 이 일련의 원칙을 발전시키는 일로부터 아름다운 자연경관의 본질과 정서적 힘을 포착하면서도 첫 번째 장에서 설명했던 것처럼 극대화되고 향상된 특성을 지닌 경관, 정원 또는 정원의 일부 구역을 구조화하고, 디자인하고, 식재할 수 있는 나만의 규정집을 만들었다. 이번 장에서는 그 규정집의 기초를 설명한다. 주로 이미지를 활용한 시각적인 방법을 적용해 몇 가지 핵심 요소를 뽑아낸 다음 '식재디자인 방법론 planting design methodology'에 적용할 것이다.

자연의
식물군락

영감을 주는 자연의 식물군락에 익숙해지는 일은 중요하다. 그렇다고 대단한 군락이 자생하는 외딴곳으로 여행을 떠나라는 뜻은 아니다. 내가 처음으로 매료된 자연은 어릴 때 살던 집 뒷마당과 그 주변의 오솔길, 산울타리, 소림이었다. 나무 밑동에 옹기종기 모여 있는 야생 식물 무리, 깎지 않은 풀밭에서 자유롭게 어우러진 들꽃과 그라스, 그리고 도시재개발 단지 가장자리에 자라나는 귀화식물들. 이 복잡하면서도 친근한 느낌은 나를 똑같이 황홀하게 만든다. 이처럼 도시에서도 영감을 받을 수 있는 곳이 많기 때문에 굳이 시골로 떠날 필요는 없다. 하지만 분명한 점은 군락 속 식물 간 상호작용을 직접 관찰하는 것보다 더 좋은 경험은 없다는 사실이다. 물론 같은 곳을 오랫동안 관찰해야만 군락 사이에서 작용하는 힘에 대한 감각을 얻을 수 있기 때문에 많은 시간이 필요하다. 이처럼 시간의 흐름에 따른 변화를 이해하는 일이 가장 중요하다는 사실을 다시 한 번 강조하고 싶다.

군락 속 자연스러운 상호작용을 이해하고 익숙해지기 위해서는 영감을 주는 전 세계 곳곳의 자연 군락을 찾아 이들의 특징·형태·구조를 탐구하는 폭넓은 가상 연구가 동반될 수 있다. 원한다면 '생물지리학적' 접근 방식을 적용해 구성 식물종에 관한 상세한 연구를 수행하여 자신만의 고유한 조합을 만들어 낼 수도 있지만, 꼭 그럴 필요는 없다. 정말 중요한 것은 영감을 주는 사례들의 생태환경과 이들이 어떤 패턴을 만들고 어떻게 변화하는지를 시각적으로 이해하고, 여기서 무엇이 흥미로웠는지를 파악하는 것이다. 내가 자연과 조화를 이루는 식재디자인의 기초로 분류학적 생태학보다 시각적 생태학의 중요성을 강조하는 이유가 여기 있다. 바로 이 시각적 생태학이 분류학적 목록이라는 속박에서 우리를 벗어나게 해 준다. 분류학 연구가 문제 될

1. 영국 서퍽주 시골에 있는 교회 묘지. 아름다운 자연의 일부분은 늘 우리 주변에 있다.
2. 독일 뒤스부르크Duisburg의 오래된 건설 현장의 식생.
3. 영국 셰필드의 한 철거 현장 부지에 자라는 도시 식물들. 켄트란투스 루베르Centranthus ruber, 불란서국화Leucanthemum vulgare와 함께 벽돌 잔해 사이에서 저절로 자라났다.
4. 셰필드의 버려진 터에 귀화한 북아메리카 지역의 참취속Aster 식물들.

것은 없지만, 자연에서 그저 우연히 일어날 만한 것을 뛰어넘는 창의적이고 예술적인 가능성을 놓칠 이유가 있을까? 야생의 식물조합이 하루아침에 생겨난 것이 아니라 수천 년 동안 존재해 왔다는 사실은 버려진 도시 현장에 자생식물과 비자생식물이 모두 포함되어 '재조합recombinant'되거나 '새롭게 생겨난novel' 군락만 보아도 알 수 있다. 사실 이 '재조합'된 군락은 내가 앞서 언급하였던 '미래 자연'을 나타내며, 나에게는 새로운 군락 디자인을 위한 최고의 모델이다. 자생식물 사용에 관한 찬반 논쟁은 이미 충분하기에 여기서 더 깊게 파고들지 않겠다. 나는 이분법적인 토론을 본능적으로 피하는 사람이고, 여러분은 완벽히 정의된 진실을 믿거나, 아니면 아무것도 믿지 않는다는 사실만 언급하고 넘어가겠다. 다시 본론으로 돌아와서, 나는 늘 자생식물과 군락을 작업의 시작점으로 삼곤 한다. 이는 과학적인 원리보다는 윤리적인 이유 때문이며, 시각적으로 가장 적합한 방법이기 때문이다. 모두가 자연주의 식재를 최우선으로 하는 미적 관점으로 디자인된 환경을 책임감 있게 다룬다면 사람들에게 큰 즐거움을 주고 생태적으로도 훨씬 이로워질 것이라 믿는다.

영감을 얻기 위하여 여러 가지 경관과 기후대를 훑어보기보다는, 하나의 주요 풍경과 그 속의 몇몇 장소를 자세히 살펴보려 한다. 그 과정에서 다른 것들도 다루겠지만, 이러한 방식이 어떠한 기후대나 경관에서도 폭넓게 적용할 수 있는 원칙들을 이끌어 내기 더 쉽다고 생각한다.

자연적? 준자연적?

자연 군락에서 식물이 배열되는 몇 가지 방식을 살펴보자. 나는 초지처럼 꽃이 가득한 풍경에서 주로 영감을 받기 때문에 특히 눈에 띄는 몇 가지 사례를 분석하는 데 몰두하려 한다.

우선 이번 장 전반에서 다루게 될 '자연적natural'이라는 단어는 설계되지 않은 군락을 뜻한다는 것을 말해 두겠다. 우리가 주의 깊게 보려는 내용은 전혀 자연적이지 않다. 이는 사실 방목지처럼 일반적인 농업에서 수행하는 관리의 결과이기 때문에 준자연적semi-natural이라 해야 옳다. 하지만 중요한 점은, 이 장에서 논하는 그 어떤 것도 원래 그렇게 보이도록 디자인되지 않았다는 사실이다. 그저 경관에서 어떤 식으로든 일어나는 인간의 영향이라는 맥락 안에서 작용하는 자연적이고 생태적인 결과다.

많은 사람이 이 경관을 영국 북부의 '자연스러운' 풍경이라 여기지만, 사실 사람의 손길이 닿지 않은 곳이 없다. 이미 모두 관리되고 바뀌었다.

경관의
구성 요소

나는 식물학자·생태학자·원예학자의 관점보다는 건축가가 건축물과 거주지를 구상하는 방식으로 자연주의적인 경관을 생각해 보려 한다. 즉, 개별 식물이나 조합 대신 경관의 '벽', '바닥', '천장' 등 구조에 집중하고자 한다. 어떻게 개별적인 공간을 이루는지, 서로 어떻게 연결되는지, 더 큰 경관을 만들기 위해 어떻게 결합하는지 살펴볼 것이다. 그리고 정원디자인에서 '야외 공간outdoor room'이 새로운 개념은 아니지만, 보통은 기능과 내용을 연관 지어 생각하는 경우가 많다. 우선 이 공간을 만드는 방법부터 이야기해 보겠다.

이러한 사고방식은 매우 유용하다. 길게 나열된 식물 목록에 얽매이지 않고 여러 구조적인 식생 유형으로 작업할 수 있기 때문이다. 나는 이것을 구성 요소building block로 삼아 다양한 조합을 사용하여 원하는 경관을 디자인하거나 정원 경험을 만든다. 이에 관한 더 많은 이야기는 다음 장에서 하고, 지금은 간단하게 시작하겠다. 초본으로 이루어진 바닥층, 관목을 기반으로 하는 경계인 벽층, 교목과 숲을 기반으로 한 천장층이 만들어 낸 경관을 살펴보자.

미국풍나무Liquidambar styraciflua가 점령해 가고 있는 미국 펜실베이니아주의 버려진 옛 경작지. 앞쪽에 수크령속Pennisetum 식물을 비롯한 그라스가 펼쳐진 개방된 빈터인 '바닥', 그리고 나무가 둘러싼 '벽'이 만들어 낸 구조가 분명하게 보인다. 사진은 하나의 '방'에서 다른 '방'을 바라보며 촬영했다. 몇 년 뒤에는 나무들이 머리 위로 숲지붕canopy이나 '천장ceiling'을 이룰 만큼 충분히 높이 자랄 것이다.

바닥층

바닥층은 경관 속 수평면이며, 휴먼 스케일로 보아도 우리와 같은 높이라 여겨지는 층이다. 이는 벽과 천장 층을 통해 다른 형태로 이어지는 하나의 변하지 않는 공간이기도 하다. 경관에서 대체로 초본층을 지칭하지만, 꼭 그런 것만은 아니다. 내가 말하는 바닥층이나 평면 계획은 특정 공간을 식재로 채운다는 개념으로, 규모와 상관없이 다른 영역의 경계나 경계선이 만들어 낸 공간을 식재로 채우는 것을 의미한다. 여기서 경계나 경계선은 지면보다 약간 더 높거나 다른 형태나 질감을 가질 수도 있지만, 꼭 확실한 물리적 장벽일 필요는 없다.

바닥층 군락 사례

'참조reference' 군락은 자연주의 식재디자인에서 중요한 개념이다. 이는 자연 또는 준자연 군락으로, 군락 설계에 영감을 주는 출발점이 된다. '평면 계획'에서 구체적으로 참고할 사항은 다음과 같다.

- **초원grassland 유형** 프레리, 스텝, 팜파스, 초지. 물론 이러한 범주 안에는 얼마나 습하고 건조한지, 따뜻하고 시원한지 등의 환경에 따라 매우 다양한 형태가 있다.
- **낮은 관목** 히스랜드, 툰드라tundra, 북극해 연안의 동토지대, 낮은 관목지대.
- **습지대 유형** 고여 있거나 흐르는 개방수, 염수나 담수 습지, 주변 식생.

1. 우크라이나 어느 스텝의 아름다운 초원. 스티파 펜나타 *Stipa pennata*의 우아한 꽃 사이로 살비아 네모로사 *Salvia nemorosa*의 보라색 꽃이 피어났으며, 짙은 녹색 영역에는 향기로운 꽃이 황금빛 무리를 이룰 갈리움 베룸 *Galium verum*이 넓게 자리하고 있다.
2. 미국 일리노이주에 있는 플록스 디바리카타 *Phlox divaricata*로 뒤덮인 소림 초지. 이곳은 바닥층의 사례로 아래에 여러 층이 존재한다. 실제로 초지의 경계는 관목 '벽'으로 둘러싸여 있고 높은 곳에 수관을 형성하는 키가 큰 교목이 경관에 '천장'을 만든다.
3. 바닥층에 꼭 키 작은 식물이 자리할 필요는 없다. 높이는 모두 상대적이므로 공간을 채우는 우점 식생에 주목해야 한다. 미국 일리노이주의 강 범람원 대부분을 차지하고 있는 습한 초지·프레리에 헬리안투스 데카페탈루스 *Helianthus decapetalus*가 활짝 피어 있다.

초지와 초원(맨 위)에서 낮은 관목 지대(가운데) 그리고 습지(맨 아래) 유형에 이르는 바닥층의 식생 유형 사례.

벽층

바닥층으로만 이루어진 경관은 탁 트여 있고 광활하다. 처음에는 인상적일지 몰라도 곧 시각적으로 부담스러워질 수 있다. 이를 분산시킬 무언가가 없으면 경관을 인지하고 이해하기 어려워지며, 그 속에서 우리는 길을 잃고 스스로가 작게 느껴지기 시작한다. 따라서 경관에는 집과 같은 편안함을 느낄 수 있는 '구조structure'가 필요하다. 이는 1장에서 살펴본 '조망과 은신처prospect and refuge' 개념을 다시 생각해 보게 한다. 내가 말하는 자연경관에서 '벽wall'은 공간을 형성하거나 공간 안에 변하지 않는 구조를 만들어 낼 만한 모든 것을 의미한다. 사람이 만든 벽처럼 어떠한 크기나 높이여도 좋다. 빈틈이 없거나 속이 들여다보일 수도 있고, 무성하거나 트여 있을 수도 있으며, 연속되거나 삐뚤삐뚤할 수도, 그저 아주 희미한 구조의 모양만 있을 수도 있다. 그리고 일반적으로 이러한 '벽'은 영구적이고 견고한 느낌을 주기 위해 초본식물이나 여러해살이풀뿐만 아니라 목본식물도 포함한다.

자연경관에서 '벽'을 형성하고, 공간을 정의하며 마침표를 찍어 주는 목본 식생의 역할은 해당 식생의 높이와 복잡도에 따라 달라진다. 공간감과 둘러싼 정도는 사람의 키에 견주어 보았을 때 식생의 높이와 관계가 있다. 따라서 친밀한 공간이라는 개념을 다루고 휴먼 스케일을 고려할 때에는 이러한 구조적 형태를 높이에 따라 관목과 교목이라는 아주 단순한 두 가지 주요 범주로 나누는 것이 좋다. 관목의 진정한 의미는 하나의 줄기를 가진 교목과는 달리 줄기를 여럿 가진 목본 식물을 말한다. 그리고 나는 이 관목이야말로 휴먼 스케일에 알맞은 크기와 규모를 가졌다고 생각한다. 여기서 이 간단한 정의가 우리의 목적에 부합하는 이유는 관목 기반의 자연경관이 주로 규모 면에서 사람들과 어떻게 관계를 맺는지에 따라 소림이나 숲과 전혀 다르기 때문이다. 또 관목 기반의 자연경관이 식재디자인 모델로 많이 외면받았기 때문에 이를 먼저 다루어 보려 한다.

관목이 우점하는 식생에는 영감을 주는 다양한 유형이 있으며, 이 중 우리에게 익숙한 것도 많다. 우리는 여러해살이풀 등이 군락을 이루는 초원에서 오랫동안 사용된 방식과 똑같이 이러한 유형들을 '참조' 군락으로 사용할 수 있다. 일반적으로 '관목지대shrublands'혹은 스크럽scrub이나 브러시brush는 대부분 관목으로 이루어진 군락을 의미하지만, 그라스, 허브, 소교목small trees, 알뿌리식물을 포함하기도 한다. 그래서인지 지중해 연안의 마키maquis, 캘리포니아의 차파렐chaparral, 남아프리카의 핀보스fynbos, 그리고 다양한 종류의 히스랜드 등 여러 유형의 관목지대가 있다. 이 중 일부는 무성한 잎으로 뒤덮인 울창한 잡목림thickets을 형성하여 '폐쇄형 관목closed shrub'이라 불리며, 나머지는 관목을 이루는 요소들이 좀 더 흩어져 있거나 모여 있는 '개방형open'이다.

좀 더 개방적인 유형이 가장 큰 관심을 끄는 이유는 속이 보이지 않을 정도로 빽빽한 잡목림은 활용이 정말 제한적이기 때문이다. 그런데 관목지대가 남아 있는 경우는 대부분 관목이 거칠고 맛이 없으며 가시투성이여서 풀을 뜯는 방목 가축들에게 내성이 있다. 관목이 우점하는 지역은 비생산적이고 그 가치가 한정적이어서 황무지로 여겨졌다. 아마 이것이 관목이 매력적이지 않다고 여겨지는 이유 중 하나일 것이다. 확실히 '스크럽scrub'이나 '브러시brush'라는 이름 자체가 좋은 이미지는 아니다! 하지만 소교목, 관목, 초원이 섞인 일종의 작은 혼합체인 스크럽은 자연주의 식재에서 흥미로운 모델이 될 수 있다. 예를 들어 대부분 장미과에 속하는 교목과 관목이 섞인 활기찬 식생은 석회암limestone이나 백악chalk, 백색 연토질 석회암 지대에 있는 스크럽을 우점한다. 여기에는 야생 장미도 물론 포함되지만, 벚나무속Prunus, 마가목속Sorbus, 산사나무속Crataegus, 사과나무속Malus, 딱총나무속Sambucus, 쥐똥나무속Ligustrum, 산분꽃나무속Viburnum, 산딸기속Rubus과 더불어 으아리속Clematis 같은 다양한 덩굴식물들도 포함된다. 그리고 이 모든 풍성함은 다시 다양한 석회질의 초원 곳곳에서 어우러진다.

이렇게 좀 더 개방된 유형의 관목지대는 나에게 가장 큰 영감을 준다. 관목이 식생을 우점할 수는 있지만 그라스, 허브, 알뿌리식물, 소교목을 포함한 모자이크의 일부일 뿐이라 나에게 아주 매력적으로 다가온다. 관목지대의 틀이나 공간 안에서 역동적인 초본식물들이 빛나는 계절의 한 장면을 연출해 내는 것이 내게는 가장 와닿는 경관이다.

기둥columns and pillars

관목은 골격, 구조 그리고 공간 주위의 경계 요소로 사용될 수 있다. 한편 공간을 나누고 초원이나 초지에 영구적인 3차원 구조를 만드는 내부 요소로서 중요한 역할을 하기도 한다. 이렇게 경관에 구두점을 찍는 관목은 여러해살이풀이 넓은 면적을 차지하여 자칫 단조로워질 여지를 깨는 중요한 시각적 효과가 있다.

1. 매자나무berberis, 버드나무willows, 만병초rhododendrons, 야생 장미wild roses가 혼합된 관목이 둘러싸고 있는 초원의 바닥과 벽층.
2. 쥐똥나무privet, 야생 장미, 산사나무hawthorns 등을 볼 수 있는 중부 유럽의 석회질 관목지대.
3. 개방된 소림의 경계에 있는 단자산사나무Crataegus monogyna 관목이 초원에 섞이며 조화를 이루고 있다.

천장층

이제 마지막 건축적 비유인 천장에 대해 알아보자. 개방된 관목지대에 있는 사람은 머리 위로 하늘이 펼쳐져 있어 햇빛과 비가 바닥까지 들어오는 것을 경험할 수 있다. 하지만 그 위로 층이 하나 생겨나는 즉시 전혀 다른 상황이 연출된다. 여기서 말하는 머리 위로 생기는 층은 바로 교목을 의미한다.

소림이나 숲에서 하는 경험은 대체로 우점하는 교목 종에 따라 달라진다. 우점종은 부분적으로 토양 유형과 기후가 좌우하지만, 소림의 나이와 천이 단계에 따라 영향을 받기도 한다. 그러나 대체로 우리는 시각적 특성에 따라 두 가지 유형의 소림, 즉 밝은 소림과 어두운 소림으로 구분할 수 있다.

밝은 소림은 수관이 열려 있어 땅으로 많은 빛이 투과되며, 상대적으로 수명이 짧고 빠르게 자라는 교목들로 구성되어 있다. 이러한 소림은 대개 선구자 유형인 경우가 많다. 즉, 교목들은 쉽고 빠르게 퍼지는 종자를 가지고 있기 때문에 빈 공간에 빠르게 자리 잡을 수 있고, 햇빛이 잘 드는 조건에서 정착할 수 있다. 이에 해당하는 가장 완벽한 예시가 자작나무속Betula인데, 많은 자작나무속 식물이 꽤 가까운 간격으로 자라는 모습을 흔히 발견할 수 있다. 벚나무속Prunus, 마가목속Sorbus, 오리나무속Alnus, 물푸레나무속Fraxinus 식물도 여기에 속한다. 이러한 교목들로 이루어진 소림의 숲지붕은 상당히 개방되어 있고 듬성듬성 그늘이 많이 형성되기 때문에 땅에 있는 초본층은 상대적으로 우거지거나 풍성하게 자랄 수 있다.

어두운 소림은 수명이 길고 키가 큰 '숲의 나무forest trees'로 이루어져 있다. 숲의 나무는 일반적으로 지면에 도달하는 빛의 양이 적은, 더 조밀하고 빽빽한 숲지붕을 가지고 있다. 이 아래의 초본층이 대부분 봄에 눈에 띄는 이유가 여기 있다. 야생화는 나뭇잎이 무성하게 돋아나기 전, 햇빛이 잘 들어오는 따뜻한 조건을 최대한 이용하기 때문이다. 이외에도 그늘에서 잘 버티는 양치식물 같은 상록성 식물을 찾아볼 수 있다. 일반적으로 어두운 소림에서 잘 자라는 종으로는 참나무속Quercus, 피나무속Tilia, 너도밤나무속Fagus이 있다.

이런 나무의 씨앗과 묘목은 양지에서는 싹이 트지도 잘 자리 잡지도 못한다. 이들이 잘 자라려면 상부에 숲지붕이 있어야 한다. 따라서 이들은 선구식물로 이루어진 소림의 숲지붕 아래에서 왕성히 생장하여 수명이 짧은 교목의 숲지붕을 뚫고 자라나 마침내 성숙한 소림을 형성한다. 이처럼 두 가지의 단순한 소림 유형은 역동적이고 연속적인 과정의 일부다.

숲과 소림은 교목을 기반으로 한 자연주의 식생의 한 가지

1. 초본·관목·교목이 여러 층을 이룬 울창한 소림. 각 층 속에 더 많은 층이 숨어 있다.
2. 자작나무 숲처럼 '밝은' 소림은 위가 트여 있고 드문드문 그늘이 드리워져 있다.

모델일 뿐이다. 지금까지 살펴본 바와 같이 다양한 교목과 숲의 유형은 교목의 종에 따라 분위기가 완전히 달라질 수 있다. 그리고 교목의 밀도는 또 하나의 결정 요인이다.

교목이 좀 더 산발적으로 퍼져 있고 주로 개방된 경관에 자리한 곳에서 우리는 사바나 식생을 볼 수 있다. 교목이 완전한 숲지붕을 이루지 않는 곳에 나타나는 사바나에서는 햇빛이 지면까지 닿는다. 이러한 환경에서는 하층부에 관목도 흔하지만 주로 초본인 초원이 발달한다. 교목은 분산 정도에 따라 널리 흩어질 수도 있고 꽤 높은 밀도로 나타날 수도 있다. 그리고 보통은 무게 중심 군집 양식centre of gravity aggregation pattern에 따라 배열되지만, 어떤 경우에도 경관에 둘러싸는 벽의 느낌이나 천장을 만들어 낼 만큼은 충분하다.

우리는 분산을 다른 방식으로 생각해 볼 수 있다. 경관이 얼마나 닫혀 있거나 열려 있는가? 울창하고 어두운 소림은 보다 개방적이고 엉성한 숲지붕과 매우 다르게 느껴진다. 폐쇄형·개방형·반폐쇄형 영역을 가로지르는 여정과 그러한 공간이 우리에게 주는 다양한 경험을 상상하며 좀 더 큰 규모에서 이러한 개념을 다루어 볼 수 있다. 이 개념은 네덜란드 암스텔베인 헴파크 디자인에 큰 역할을 했다.

3. 이 습한 소림에서는 '층을 이루는stratification or layering' 모습이 매우 분명하게 나타난다.
4. 나무가 흩어져 자라는 열린 소림은 공간을 강하게 에워싸는 특성이 있으면서도 햇빛이 지면까지 많이 드리운다.
5. 참나무oaks처럼 숲지붕을 만드는 수종들이 주를 이루는 '어두운' 소림은 잎이 모두 떨어진 겨울에도 강렬한 특징을 드러낸다.

자연에서 온
식재디자인 원리

식재디자인에 관한 내 생각을 정의하는 원칙은 모두 자연에서 본 것으로부터 나왔다. 이는 나의 '세계관'이라 할 수 있으며, 앞서 이야기 나누었던 구성 요소 개념은 물론 초본식물이나 여러해살이풀을 비롯해 교목과 관목을 사용하는 방식과도 직접 연관되어 있다. 각각의 사례를 주요 '참조 경관reference landscape'을 이용하여 설명하고 보여 줄 텐데, 각 사례에 우선순위는 없다. 하나의 참조 경관을 이용하면 이러한 원칙들이 어떻게 한 곳에 적용되는지 볼 수 있다. 하지만 내가 말하고자 하는 바를 강조하기 위해 다른 여러 사례도 함께 보여 줄 예정이다. 그 전에 다시금 강조할 중요한 점이 하나 있다. 참조 경관이 자연경관의 전형적인 예시라거나, 이런 것들은 어디에나 있다는 이야기가 절대 아니다. 그렇지만 이러한 자연경관은 나에게 영감을 주고, 내가 하는 일에 영향을 미치며, 식재디자인에서 '향상된 자연'이라는 개념을 발전시키는 데 도움을 준다.

이제 1933년에 발간된 제임스 힐튼James Hilton의 소설 《잃어버린 지평선The Lost Horizon》에 등장했던 허구의 땅이자 지상 낙원인 샹그릴라로 함께 가 보자. 오늘날 중국 윈난의 샹그릴라시는 관광객을 유치하기 위해 2001년에 새롭게 붙인 이름이다. 하지만 내가 2015년에 방문하여 주변 곳곳을 돌아보았을 때의 경관은 힐튼의 공상을 훨씬 능가했다. 이 당시 나는 말문이 막힐 정도로 아름답다고 소문난 건초지hay meadow의 단편을 찾아다녔다. 서구의 많은 지역에서 그랬던 것처럼, 식물종이 풍부하고 옛날 방식으로 관리되던 이전의 농업 경관은 경운, 배수, 연작 때문에 많은 부분이 사라졌지만, 그 원형의 일부 파편들이 종종 외딴곳에 남아 있었다. 사실 그중 일부는 어찌나 외딴곳에 떨어져 있는지 작은 배를 타고 고지대의 하천을 따라 저 멀리 습한 초지에 많은 양의 앵초primulas가 만발하여 분홍색이나 보라색으로 아롱진 들판이 보일 때까지 올라가야만 닿을 수 있었다. 내가 여기서 다루고 있는 사례는 그렇게 남아 있는 초지, 관목지대, 습지 중 하나다.

3의 힘

사람들은 생태적으로 영감을 받고, 자연주의적인 식재는 수많은 종류의 각기 다른 식물을 사용하여 다양성을 확보해야 한다고 생각하는 경향이 있다. 그래서 자연주의 식재 계획을 보면 보통 식물이나 종자 목록이 길다. 물론 다양성은 매우 중요하다. 높은 식물 다양성은 높은 동물 다양성을 낳고, 더욱 다양한 생물계는 일반적으로 가뭄이나 동해 같은 외부 스트레스와 교란을 잘 견딜 뿐만 아니라, 잠재적으로 더 많은 생물이 살아남기 때문에 더욱 잘 회복될 수 있다. 그러나 다양성에 대한 이러한 강박은 최대한 여러 가지 식물을 집어넣게 해서 결국 난잡하고 뒤죽박죽인 결과를 낳는 양날의 검이 되기도 한다.

내 경험상, 가장 시각적으로 만족스러우며 아름답고 '자연스럽게' 꽃이 피는 경관은 비교적 단순한 모습이다. 나는 이러한 경관들을 모델로 삼는다. 그중 단연 최고는 식생 전체에 걸쳐 시각적으로 매력적인 단 하나 또는 두세 가지의 식물만으로 주된 미적 경험을 구성하는 경우다. 가장 효과적이고 아름다운 자연 기준점에서 한 번에 최대 세 종류의 식물이 시각적 표현을 구성하는 데 기여하는 것이 바로 P3the power of three 법칙이다.

1. 중국 윈난 지역 샹그릴라시 근처에 있는 이 초지는 몇몇 이야기의 참조 모델이 되지만, 때때로 다른 사례들이 이를 뒷받침하기도 한다. 전경에는 눈에 띄는 보라색 꽃을 피우는 프리물라 포이소니Primula poissonii, 후경에는 초록색 암대극Euphorbia jolkinii, 그 뒤로 키가 큰 식물군락 등 여러 가지 다양한 초지 군락이 있다.
2. 참조 경관인 샹그릴라의 초지는 다양한 종으로 이루어져 있지만, 촬영 당시에는 오로지 두 종만이 시각적 경관을 구성했다.

자연읽기

089

090

색의 분출

앞서 언급한 내용은 다양성을 줄여야 한다는 주장이 아니다. 내가 제시하는 모든 사례는 다양성이 매우 높으며, 대부분 약 20~30종의 각기 다른 식물종을 포함하고 있다. 하지만 한 시점에 절정을 이루는 식물은 항상 단 세 가지나 그 이하다. 한 장소를 몇 주 전이나 후에 다시 가 본다면 이전과는 다른 하나 또는 두세 종류의 식물종이 만들어 내는 멋진 모습을 볼 수 있을 것이다. 이렇게 영감을 주는 사례에서는 여러 달에 걸쳐 연속적으로 꽃이 피어난다. 이곳을 타임 랩스 기법으로 촬영한다고 상상해 보자. 다채로운 색채가 앞뒤로 물결치며 끊임없이 변화하는 시각적 즐거움의 장이 될 것이다. 이렇게 식재·정원·풍경 위에 '색채의 파동waves'을 입히는 것이 나의 사상의 중심이지만, 식물은 한 번에 세 가지를 넘지 않는다. 이것이 바로 매우 역동적인 사고방식이라 할 수 있는 P3 법칙이다.

P3 법칙을 시각화하는 또 다른 방법은 식재를 통해 지속적으로 만들어지는 색상 또는 형태의 분출이다. 이보다 더 역동적인 비유가 있을까! 부글거리며 흐르는 용암이나 냄비에서 서서히 끓는 물을 상상해 보자. 분출은 일정 기간 동안 표면 전체에서 일어난다. 어떨 때는 같은 장소에서, 대개는 다른 장소에서 나타나며 결국 영역 전체에 걸쳐 융기와 침하가 끊임없이 이어진다.

1. 반복되는 분홍색 페르시카리아 비스토르타Persicaria bistorta의 띠무리와 산발적으로 퍼져 있는 이리스 불레이아나Iris bulleyana, 암대극Euphorbia jolkinii 무리가 샹그릴라 참조 모델이 있는 들판을 가로지르며 색의 분출을 만들어 낸다.
2. 참조 초지에서 꽃을 피운 세 가지 식물은 노란색 꽃 프리물라 시키멘시스Primula sikkimensis, 푸른색 꽃 키노글로숨 아마빌레Cynoglossum amabile 그리고 보라색 꽃 페디쿨라리스 시포난타Pedicularis siphonantha다.
3. 앞서 언급한 참조 초지에서 한 번에 꽃을 피우는 식물의 수는 극히 일부에 불과하다. 몇 주 뒤에 다시 가 보면 다른 식물들이 꽃을 피워 끊임없는 '색의 분출'을 이어 나갈 것이다.

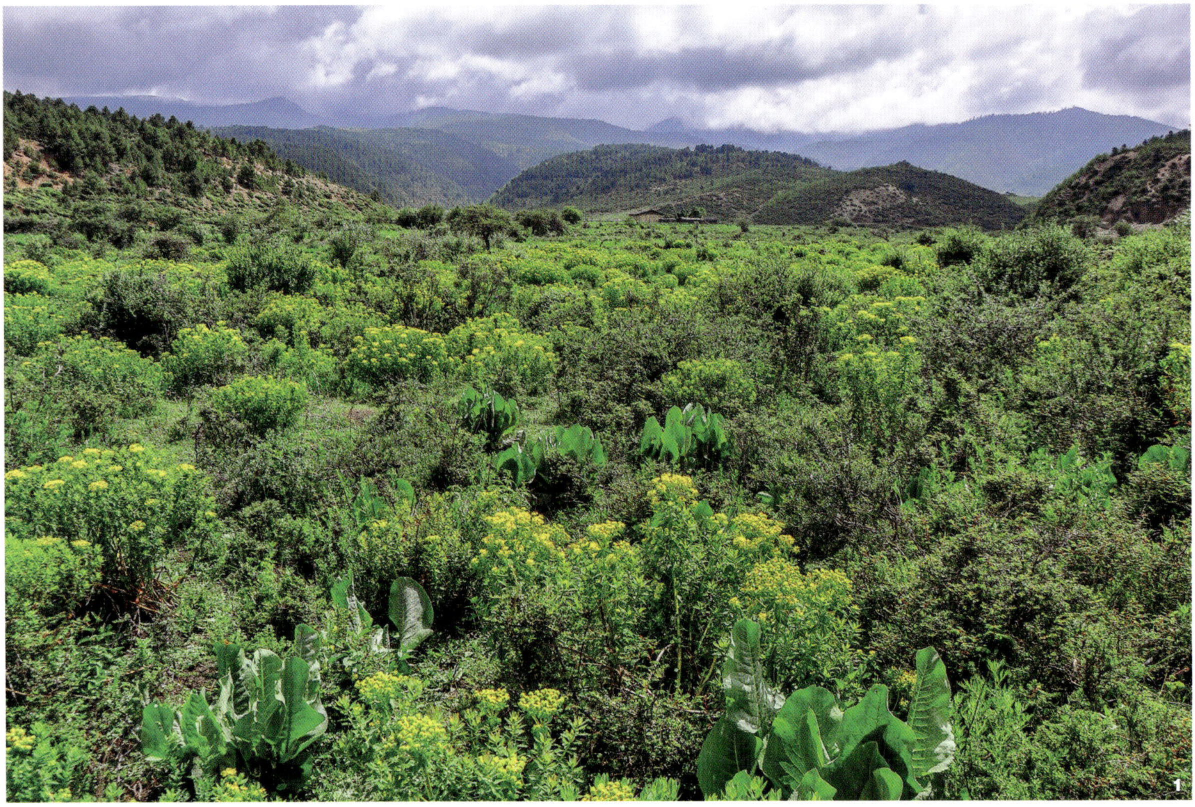

1

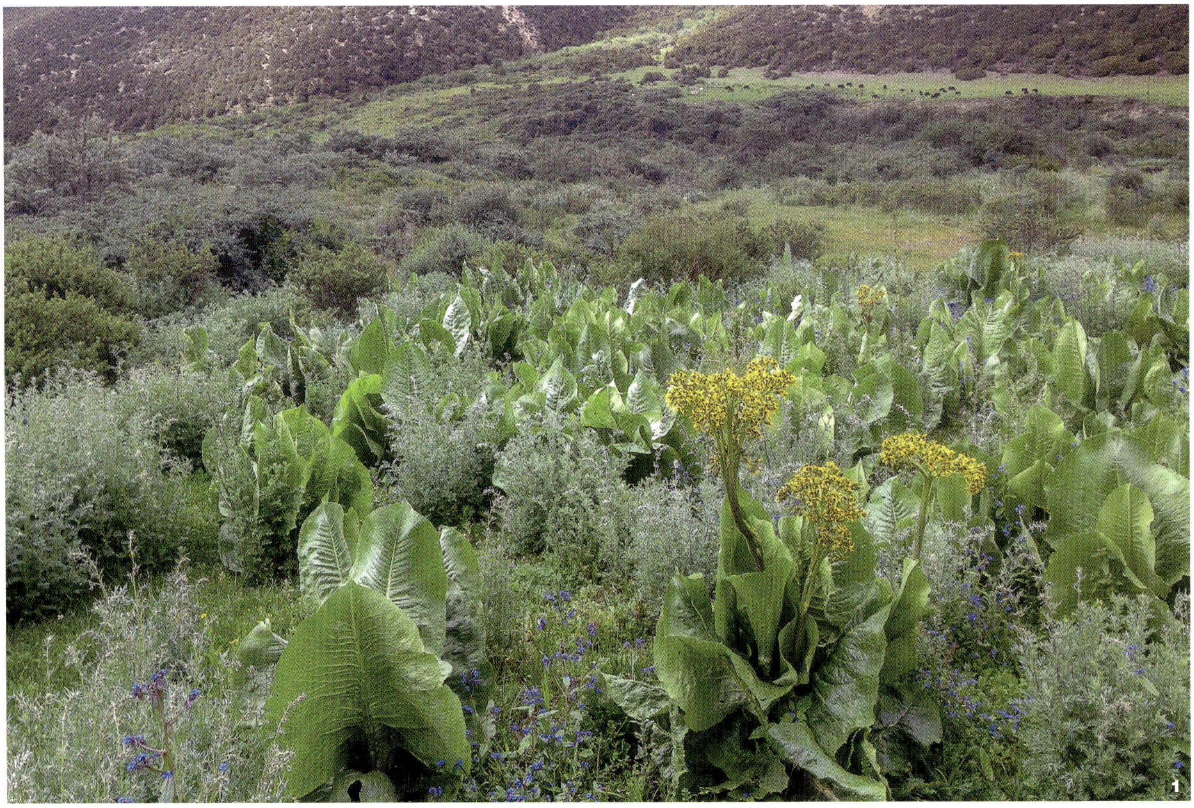

1

생물계절학

생물계절학phenology은 앞선 내용의 작용 원리를 이해하는 데 중요한 과학적 개념이다. 이는 식물이 1년 동안 보여 주는 생활상에서 발견되는 계절적 변화 중 특히 생장, 개화 그리고 그 이후에 일어나는 일의 패턴을 설명한다. 예를 들어 봄에 언제쯤 생장을 시작하는지, 생장 속도는 언제 가장 빠른지, 꽃은 언제 피고 얼마나 오래 가는지, 꽃이 지면 쓰러지는지 아니면 구조가 튼튼하게 남아 있는지에 관한 것이다. 군락에서 서로 다른 생물계절학적 특징을 가진 식물의 상호작용은 시간이 지남에 따른 시각적 장면을 만들어 내며, 우리는 이를 사용하여 효과적으로 식물조합을 만들 수 있다. 즉, 우리는 '생물계절학적 혼합phenological mix'을 지향할 필요가 있다.

1. 샹그릴라 참조 모델에 있는 스크럽 군락은 생물계절학과 시각적 관상 기간length of visual interest 개념을 완벽하게 보여 준다. 꽃이 활짝 핀 암대극 *Euphorbia jolkinii*이 잎이 크고 넓은 초본인 리굴라리아 마크로필라 *Ligularia macrophylla*와 함께 관목성 매트릭스 안에서 자라고 있다(위 사진). 암대극은 가을에 잎과 줄기를 밝은 주황색, 진홍색, 다홍색으로 물들이며 장관을 연출한다. 관목성 식생의 틈새로 잎을 뻗는 리굴라리아 마크로필라의 잎은 그 자체로도 멋지지만 시간이 지나면 아래쪽 사진처럼 은빛 잎의 쑥속*Artemisia* 식물 사이에서 키 큰 국화형 노란 꽃을 피운다.

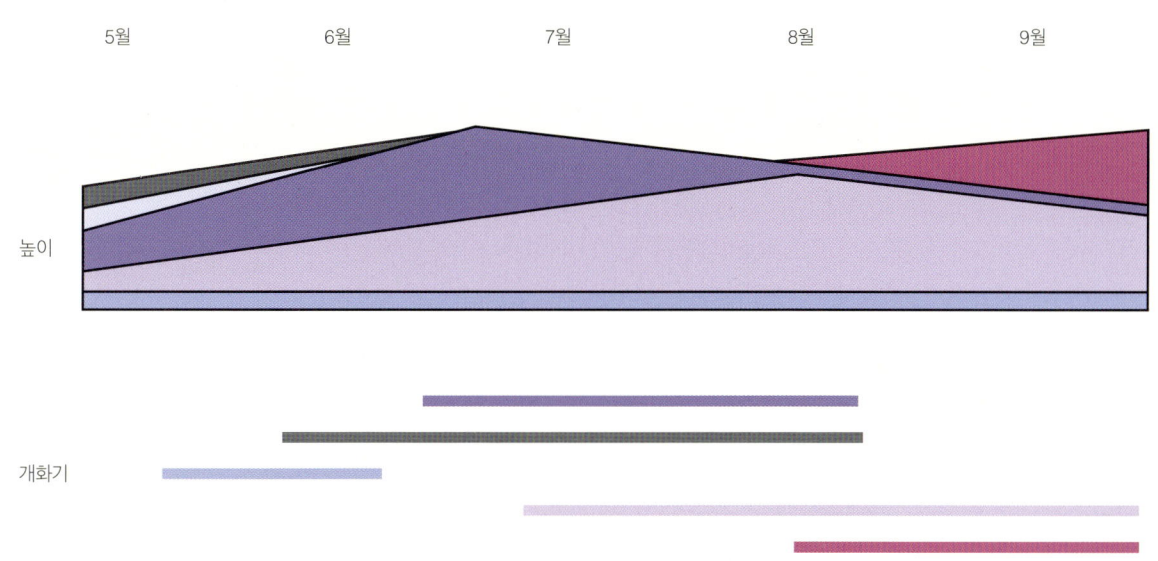

영국 북부의 습한 초원에서 군락을 이루는 다섯 종의 식물계절학적 차이를 나타낸 도표. 0.5×0.5미터의 단일 방형구(군락의 종류와 조성, 생산량 따위를 연구하기 위하여 네모난 구역 안에 만든 군락의 표본)에서 매주 식물의 생장을 측정한 결과다. 베로니카 오피키날리스는 봄과 초여름에 꽃을 피우는 키가 작은 포복성 식물이다. 오이풀은 키가 좀 더 크고 늦여름과 초가을에 꽃을 피운다. 특정 기간 동안 나타나는 상대적인 높이 변화와 주요 개화 시기는 각기 다른 식물종의 극명한 '생물계절학'적 차이와 군락에서 식물이 이루고 있는 '층위 만들기layering'를 잘 보여 준다. 이러한 자연의 사례는 생태적 요구 조건은 같지만, 생물계절학적으로는 다른 식물을 조합하면 관상 기간이 긴 식재를 만들어 낼 수 있다는 사실을 알려 준다.

자연의 층위

우리는 보통 소림을 연속된 층으로 생각하곤 한다. 간단히 말하자면, 소림은 머리 위에 층을 형성하는 숲지붕과 그 아래 그늘에서 유지될 수 있는 다간형 목본식물과 묘목으로 이루어진 관목층, 그늘을 잘 견디거나 적응한 초본식물로 구성된 지면층이나 숲의 바닥으로 구성된다. 실제 소림이나 숲에서는 층이 더 많거나 더 적을 수 있다.

소림만큼 두드러지지는 않지만 이런 층위는 초원이나 초지 그리고 다른 초본 군락에서도 나타난다. 숲의 예시에서는 이러한 상태가 영구적이지만, 초본 군락은 매년 죽거나 베어 내고 태워서 관리하기 때문에 단 한 번의 생장 기간 동안 이러한 층위가 만들어진다.

군락에서 층위의 생태학적 기능은 생산성을 극대화하고 가능한 모든 자원을 활용하는 것이다. 그리고 식물은 자신만의 위치를 찾아 적응한다. 예를 들면, 숲이나 초원의 생태계에서 층위는 광합성을 할 때 최대한 많은 양의 빛을 사용할 수 있도록 이루어져 있다. 초원에서 일찍 꽃을 피우는 식물은 일반적으로 키가 작은데, 급속히 성장해서 키가 크고 늦게 개화하는 식물 사이에 자리를 잡는다. 마찬가지로 소림의 바닥에서 꽃이 가장 인상적인 식물들은 수관이 만들어 낸 빽빽한 그늘이 완전히 드리우기 전 일찍부터 자라나 꽃을 피운다.

따라서 관련된 식물의 생장 형태와 특성에 따라 다양한 층이 그 아래에 있는 층을 지나 올라온다. 여기서 핵심 용어는 연속이다. 하나의 요소가 다른 요소로 이어지며, 각 층은 기존의 층을 넘어 위로 올라간다. 이렇게 생물계절학과 층은 아주 깊게 얽혀 있다.

1. 다양한 층위를 쉽게 볼 수 있는 샹그릴라의 참조 모델 중 앵초류 primula 초지. 그라스 사이에서 하얀 꽃을 피우는 동의나물 *Caltha palustris*, 프리물라 포이소니 *Primula poissonii*, 금방망이속 *Senecio* 식물이 상위 층위를 형성하고 있다.
2. 북아메리카의 프레리에서 봄을 알리는 층인 플록스 필로사 *Phlox pilosa*가 늦게 개화하는 식물의 잎과 줄기 사이로 꽃을 피운다. 실피움 페르폴리아툼 *Silphium perfoliatum*의 갈라진 잎과 생장 기간 후반에 키 큰 층을 구성할 식물의 밀도에 주목하자.

흐름과 띠무리

초지와 초원 구역을 보면 똑같다고 생각할 수 있지만, 군락과 경관 속에는 대개 근본적인 구조와 패턴이 있다. 가장 흔한 구성 원리 중 하나는 '흐름flow'이라는 개념이다. 흐름은 방향성을 가진 움직임에 관련된 유동적이고 유연한 단어이며, 연결과 연속성을 의미한다. 여기서 핵심은 유동성fluidity이다. 물의 흐름은 매우 건조한 경관에서도 식물 분포 패턴을 결정하는 주요한 요인이 될 수 있다. 지면 높이가 약간만 달라져도 살짝 건조해지거나 습해지고, 이에 맞추어 군락이 다양하게 구성될 것이다. 시간이 지남에 따라 물은 굽이쳐 흐르는 곡선 패턴을 형성한다. 이 구불구불하게 물결치는 형태가 바로 내가 자주 사용하는 패턴이다.

'띠무리drift'의 핵심은 방향성을 가진 움직임이다. 우리는 띠무리를 단일 종으로 생각하곤 하는데, 아마 무성번식으로 퍼져서 나타났거나, 많은 어린 개체가 부모 개체 주변에 자리 잡았기 때문일 것이다. 하지만 띠무리는 식물의 혼합이나 조합 또는 전체 군락일 가능성이 크다. 이 모든 것이 미세하거나 분명하게 차이가 나는 지형, 배수, 양분 유효도와 그 외 현장의 다른 여러 요소에 대응해 나타난다.

경관에서 식재의 흐름과 띠무리에는 몇 가지 심미적인 특성이 있다. 이들의 방향성은 시선을 경관 속으로 이끌어 특징이 없거나 단조로울 만한 경관을 눈에 띄게 해 준다. 또 구역 전체에 걸쳐 반복적인 리듬을 만들어 새롭게 중요한 구성과 구조를 형성한다.

1. 참조 모델인 샹그릴라 초지의 흐름 패턴.
2. 초지 같은 군락은 무질서하거나 균일하게 분포되기보다는 띠무리를 형성하는 경향이 있다. 그렇기에 한발 물러서서 더 시야를 넓혀야 확실히 보인다. 이는 참조 모델인 샹그릴라 초지에서도 확인할 수 있다.

모호한 경계

겉보기에 단조롭고 균일해 보이는 식생도 실제로는 뚜렷하게 구분된 구역, 다양한 식물조합이나 군락의 띠무리 혹은 흐름으로 구성되어 있다. 하지만 이는 대개 큰 규모에서만 명확하게 드러나며, 규모가 작을 때나 개별적인 식생 영역에서는 이러한 차이가 훨씬 명확하지 않다. 이것은 생태학적으로 영감을 받는 일부 디자이너에게는 문제가 될 수 있다. 그들은 종종 작은 규모의 개별 군락이나 식생 유형에서 영감을 찾기에 큰 그림을 놓칠 위험이 있다.

큰 규모에서 명확하고 뚜렷한 경계처럼 보이던 것들이 더 작은 규모를 볼 때면 실제로는 희미하다는 사실을 깨닫게 된다. 이 경계에는 융합과 상호작용이 있는데, 지금부터 우리는 그 모호한 경계를 다루어 보려고 한다. 식물 생태계에서 갑작스러운 경계나 흑백 대비 같은 급격한 변화는 상당히 드물다. 부지 조건은 한 번에 전환되기보다 변화의 정도에 따라 달라지는 편이다. 각각의 종은 혼합되거나 군락 안팎으로 번져 간다. 결과적으로 변화는 갑작스럽게 일어나기보다는 전이대transition zone를 따라 발생하며, 이는 수많은 흥미로운 조합과 상호작용으로 이어진다.

샹그릴라 참조 초지. 멀리서는 띠무리 패턴이 선명하게 보이고, 가까이에서는 띠무리 간의 복잡한 상호작용을 바로 확인할 수 있다. 뚜렷한 경계가 없는 띠무리 사이에는 모호한 경계만 남아 있다.

교차

변화gradients의 개념에는 또 다른 중요한 관점인 '교차cross-over'가 있다. 식물종은 토양의 습윤성이나 양분 유효도 같은 환경적 변화의 정도에 따라 선호하는 영역에서 서식한다. 식물의 이러한 선호도는 꽤 정확할 수도 있고 매우 광범위할 수도 있다. 변화 정도에 따라 많은 종이 교차하여 나타나는데, 사실 우리가 한 지점에서 보고 있는 뚜렷한 군락은 마치 그 조건에 일치하는 종이 모인 것이다.

따라서 어느 지역에서건, 어떤 종들은 인접한 식물군락이나 혼합체 여러 곳에서 나타나지만, 다른 종들은 더 적거나 한 곳에만 국한되어 나타날 수 있다. 광범위하게 나타나거나 '교차'하는 종들은 시각적·생태적으로 다양한 군락에 일관성과 통일성을 부여하는 데 중요한 역할을 한다.

상그릴라 참조 초지에서 연보라색 꽃을 피우는 통고아스터Aster tongolensis는 전체를 아우르는 다양한 혼합식물과 띠무리를 구성하는 '교차' 종 역할을 한다.

무게 중심

이제 식물이 배열된 패턴을 좀 더 자세히 살펴보자. 나는 자연에서 식물이 자라는 방식과 관련된 보편적인 패턴을 소개하고 싶다. 엄밀히 말하자면 집합체라고 할 수 있지만 나는 '무게 중심centres of gravity'이라고 생각하는 편이다. 이번 장에서는 이 개념을 여러 번 다룰 것이며, 더 자세한 탐구는 다음 장에서 할 예정이다. 지금 여기서 우리의 목표는 '무게 중심'이 무엇인지 인식하는 것이다.

공간 전체에 식물이 균일하게 분포되어 있다면 어떤 모습일지 상상해 보자. 이 식물의 모든 개체나 그룹은 대략 서로 비슷한 거리와 밀도로 자랄 것이다. 사실 이런 모습은 조림지나 농작지 심지어 일반적인 원예 재배에서도 나타나는데 너무 부자연스럽게 느껴지지 않는가? 하지만 우리는 실제 초지나 다른 유형의 초원에서 식물이 이와 같은 모습으로 자랄 것이라 착각한다. 예를 들어 혼합씨앗이나 무작위 혼합식재를 할 때 모든 씨앗이나 식물을 전 구역에 고르게 퍼트리는 것부터 시작한다.

실제로 식물은 다양한 형태의 무리clustering와 뭉치clumping를 이루며 스스로를 구조화하려 한다. 뭉치는 매우 조밀하거나 엉성할 수 있지만 그렇게 구조를 이룰 것이다. 여기서는 식생을 어떤 규모에서 관찰하는지가 문제다. 식물은 단일재배든 띠무리든 넓게 퍼지는 덩어리를 형성할 수 있는 가장 조밀한 형태에서도 자기들끼리 더 큰 규모로 무리를 이루거나 뭉칠 것이다. 이 패턴은 두 가지 주요 요인으로 이루어진다. 첫 번째는 수분 가용성이나 영양 수준과 같이 식물 분포에 영향을 미치는 부지 전체에 걸친 물리적인 요인의 변화다. 두 번째는 개별 종 자체의 생장 패턴과 특성이다.

식물종이 이와 같은 패턴으로 자연스럽게 배열되는 원리에 관한 연구는 3장에서 언급한 기술주의적 자연주의 식재디자인의 중요한 요소였다. 그리고 이는 기본적으로 한 종의 개체들이 서로 얼마나 '우호적'인지를 의미하는 '식물 사회성'으로 알려져 있다. 식물 사회성의 규모는 개체들이 매우 '우호적'이며 조밀한 단일재배에서부터 개체 간 관계가 적거나 아예 없어 널리 흩어져 있거나 사회성이 낮은 anti-social 식물에까지 적용된다. 물론 기초를 이해하는 것도 중요하지만, 식물 사회성이 시각적 측면으로 보았을 때 현장에서 어떻게 작용하는지 파악하는 것이 가장 핵심이다.

'무게 중심'이라는 개념은 식물 사회성을 보다 시각적으로 묘사한다. 내가 몇 번이고 마주치는 패턴은 '주변종이 있는 중심centre with outliers'으로 가장 잘 설명할 수 있다. 마음대로 굴러다니는 작은 쇠 구슬로 가득한 쟁반을 상상해 보자. 그 사이에 자석을 넣으면 자석과의 거리에 따라 일부 구슬들은 서로 끌어당겨 모이게 되고, 다른 구슬들은 약간만 움직일 것이다. 중심에 구슬들이 모여 있고 멀리에는 더 넓게 퍼진 구슬이 보일 것이다. 만약 자석이 강하다면 많은 구슬이 모여 중심의 밀도가 높을 것이고, 반대로 자석이 약한 경우 거의 모이지 않을 수도 있다. 간격을 두고 자석 여러 개를 배치하면 이 패턴이 반복된다. 이 이상의 비유는 하고 싶지 않지만, 이러한 유형의 패턴은 하나의 바위에 붙은 지의류의 패턴에서부터 숲 전체에 걸친 수종의 분포에 이르기까지 모든 규모와 다양한 맥락에서 나타난다.

1. 샹그릴라 참조 모델에서 암대극Euphorbia jolkinii이 통고아스터Aster tongolensis와 키노글로숨 아마빌레Cynoglossum amabile를 따라 주변종이 있는 중심 패턴을 형성하고 있다.
2. 초지에서 무리 지어 자라는 암대극과 이리스 불레이아나Iris bulleyana.
3. 샹그릴라 참조 초지의 프리물라 포이소니Primula poissonii와 노란색 꽃을 피우는 송이풀속Pedicularis 식물 사이에서 동일하게 뚜렷이 보이는 주변종이 있는 중심 패턴.

이 다이어그램은 피터 그레이그스미스Peter Greig-Smith의 1983년 책《양적 식물 생태학Quantitative Plant Ecology》의 도표를 수정한 것이다. 원서에는 '흔히 발견되는 식물 분포 유형으로 저밀도 식물 분포 지역 사이에 고밀도로 자리 잡은 영역들'이라는 표제가 붙어 있다. 각 점은 개별 식물이며 모두 같은 종이다. 앞서 언급했듯이 모든 유형의 식물에 적용할 수 있기 때문에 축척은 표시하지 않았다.

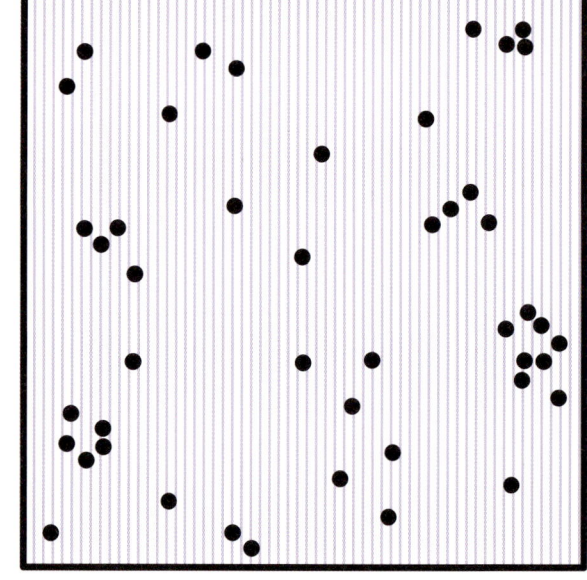

1. 샹그릴라 참조 초지 근처의 들판에 자라는 피뿌리풀Stellera chamaejasme의 패턴이 균일하고 일정한 간격이었다면 전혀 달라 보였을 것이다.

반복과 리듬

리듬은 반복을 의미하기도 하지만, 일정한 질서와 예측 가능성을 나타내기도 한다. 이번 장의 사진들을 다시 보면 띠무리, 식물 형태 그리고 개체 자체의 반복을 느낄 수 있을 것이다. 이는 매력적인 경관을 특별하게 만드는 가장 중요한 요소 중 하나다. 자칫 혼란스럽고 제멋대로인 것처럼 보이는 혼합물을 우리가 이해할 수 있도록 탈바꿈해 주기 때문이다. 반복과 리듬은 색상이나 질감에서 뚜렷하게 나타나지만, 경관 속 식물의 모양과 3차원 구조를 이루는 형태야말로 시각적으로 가장 눈에 띄는 측면 중 하나다. 그리고 이를 가장 명확하게 보여 주는 것이 돌출식물emergents이다. 이들은 평범하게 덩어리진 식물 위로 솟아오르는 식물을 말하며, 그중 가장 두드러지는 것은 수직적인 형태를 가진 식물이다. 키 작은 식물 사이에 있는 돌출식물 하나는 그다지 큰 효과를 주지 못하지만, 전 영역에 걸친 반복은 정말이지 극적인 느낌을 자아내기 시작한다. 일정한 반복도 하나의 방법일 수 있지만 모두 똑같아 보이기보다 다소 복잡하고 리듬감이 있을 때 더욱 특별해진다.

2. 노란색 딱지꽃Potentilla chinensis이 섞인 무리와 띠무리가 전 구역에 반복되며 색과 질감의 리듬을 만들어 낸다.

3. 트여 있는 건조한 관목지대에 흩어져 있는 안개나무Cotinus coggygria의 반복이 시선을 경관 속으로 이끈다.

복잡한 경계

많은 활동이 일어나는 경계edge는 생태학에서 중요한 개념이다. 숲과 초원처럼 인접하는 둘 이상의 서로 다른 식생 유형 사이의 전이 지점을 전문 용어로 '전이대ecotone'라고 한다. 이러한 전이가 일어나는 곳은 두 식생 유형의 특성이 결합되며, 시각적 복잡성, 야생생물, 생물 다양성의 가치가 극대화될 수 있다. 경계와 전이대는 넓은 범위의 식생 유형을 작은 공간에서 다룰 때 특히 유용한 자연 모델이다.

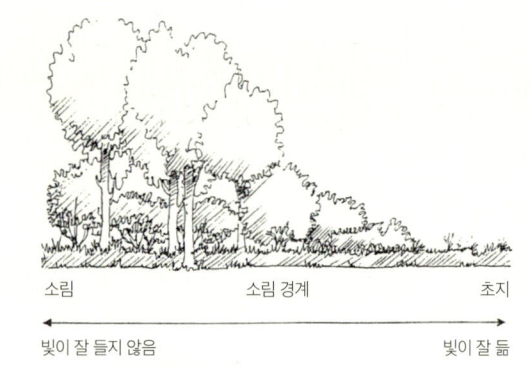

소림   소림 경계   초지

빛이 잘 들지 않음   빛이 잘 듦

이쯤에서 정원디자이너와 조경가 사이에서 많은 논쟁이 있는 '자연에는 직선이 거의 없다'라는 명제를 다루어 보자. 자연의 경계는 복잡하고 거칠다. 직선 형태의 경계를 유지하기 위해서는 많은 에너지와 자원을 투입해야 하기 때문이다. 그렇기에 직선 경계는 원예나 농업처럼 지속적인 유지·관리가 이루어지는, 보존되고 관리되거나 디자인된 경관에서만 찾아볼 수 있다.

복잡한 경계는 모호한 경계 개념의 확장이다. 여기서 복잡성은 수평적이거나 수직적인 공간 모두에서 발생한다. 이를 탐구하는 가장 좋은 방법은 소림이나 숲의 경계를 살펴보는 것이며, 이때 관목뿐만 아니라 교목도 고려해야 한다. 소림의 경계는 초원, 관목지대 그리고 소림 그 자체의 요소를 결합할 수 있으며, 이들은 모두 비교적 좁은 전이대 영역 안에 있다. 관목과 교목은 이따금 어느 정도 거리까지 초원으로 흘러 들어갈 것이며, 초원은 소림의 경계나 그 너머로 잠식해 들어갈 것이다.

경계는 숲 내부와 비교하면 빛이 풍부하여 꽃이 피고 열매를 맺는 관목과 교목, 덩굴식물이 매우 밀집되어 있다. 물론 이는 방위에 영향을 받는다. 북반구라면 남쪽을 향하는 경계가 가장 햇빛이 잘 들고 따뜻하며 안락할 것이다. 수많은 꽃과 열매뿐만 아니라 무척추동물과 조류도 가장 많이 발견되며, 동시에 사람들에게도 가장 매력적인 장소다. 반면 북쪽을 향하는 경계는 서늘하고 주로 그늘이 지기 때문에 꽃과 열매, 야생생물이 남향만큼 풍부하지 않을 것이다. 그리고 남반구는 이와 정확히 반대다.

자연계에서 서로 다른 식생 유형 사이의 경계가 단순하고 직선적이거나 분명한 경우는 드물다. 이 사진은 노란색 포엽bract(잎이 변한 것으로, 꽃이나 꽃받침을 둘러싸고 있는 작은 잎)이 두드러지는 솔잎대극*Euphorbia cyparissias*이 자라는 오스트리아의 건조한 초지다. 이 너머에는 초지와 소림 간 경계가 있지만, 관목이 상당히 멀리까지 초원을 잠식해 나가고 있다. 이곳의 식생을 도면으로 그린다면 위의 그림과 같이 개방된 그라스 지대를 시작으로 촘촘한 관목과 교목의 덩어리에 이르기까지 매우 복잡한 형태가 단계적으로 변하는 패턴이 분명하게 드러날 것이다. 전경에 흩어져 있는 관목은 '기둥'(85쪽 참고)의 역할을 하며 획일적인 초원에 중요한 3차원 구조를 만들어 준다.

몰입적인 경험

자연주의적인 경관의 특성 중 하나는 정원에서 일상적으로 느끼는 것과는 전혀 다른 경험을 선사한다는 점이다. 자연에 몰입하는 일은 여러 감각의 경험이라 할 수 있다. 이는 시각적 감상과 더불어 청각, 촉각, 후각, 움직임, 그리고 자기 자신뿐만 아니라 다른 생명에게 친밀함을 느끼게 하는 경험을 아우른다. 인생의 어느 순간, 이러한 모든 경험을 담고 있는 식생 속으로 빠지게 하는 길을 따라갔을 수도 있다. 정원이나 디자인된 경관에서 보통 겪는 매우 수동적인 경험과 비교한다면, 이러한 형태의 자연과는 적극적으로 교감하지 않을 수가 없다. 우리는 대개 화단에 식재된 식물을 잔디밭이나 단단하게 포장된 바닥에서 바라본다. 여기서 주목할 점은 우리가 식재에 관여하지 않은 채 거리를 두고 서 있다는 사실이다. 반대로 영감을 주는 자연경관에 몰입할 때 얻는 적극적이고 참여적이며 다각적인 경험은 이 책에서 가장 중요한 원칙 중 하나이자, 나의 디자인 작업에 반드시 필요한 요소다.

1. 전이대의 한 예시로, 관목이 우거진 경계에서 어우러지는 초지의 모습을 볼 수 있다.
2. 봄의 프레리를 지나 이 길을 따라 걷다 보면 깊이 빠져든다. 이는 일반적으로 디자인된 경관에서 식생과 교감하는 것과는 매우 다른 경험이다.

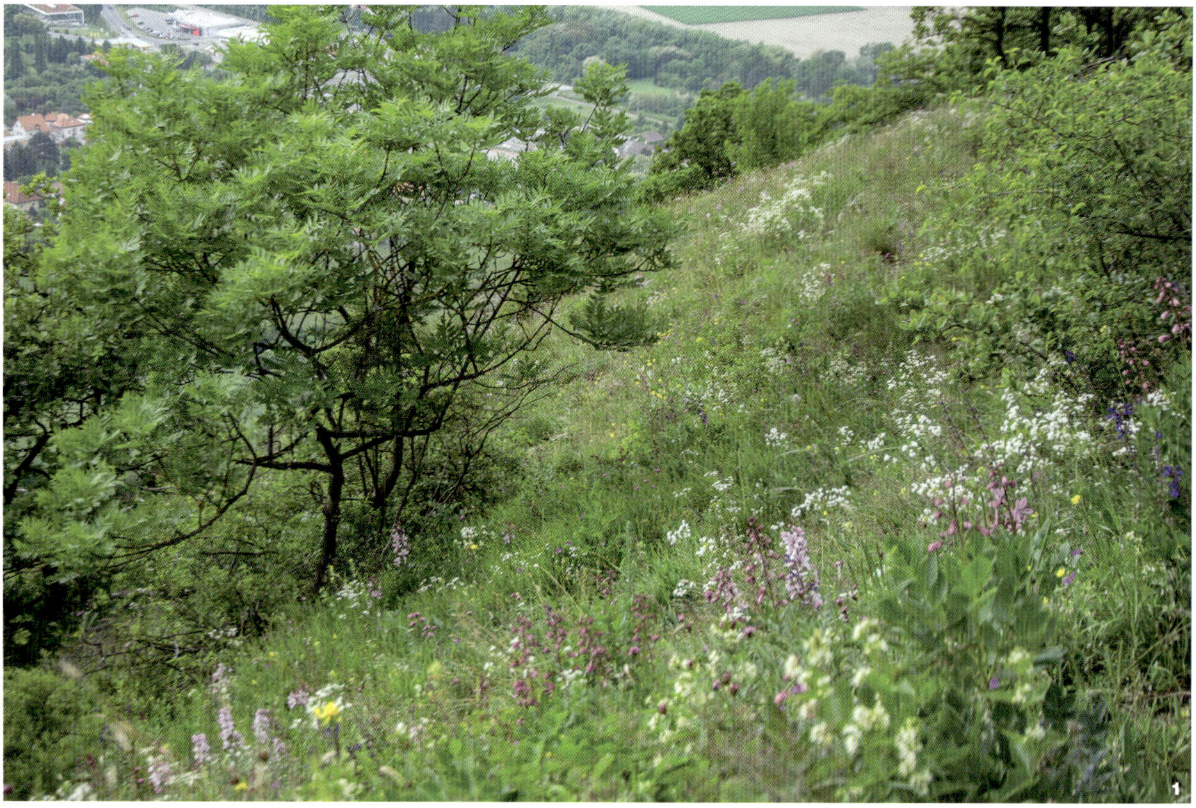

1

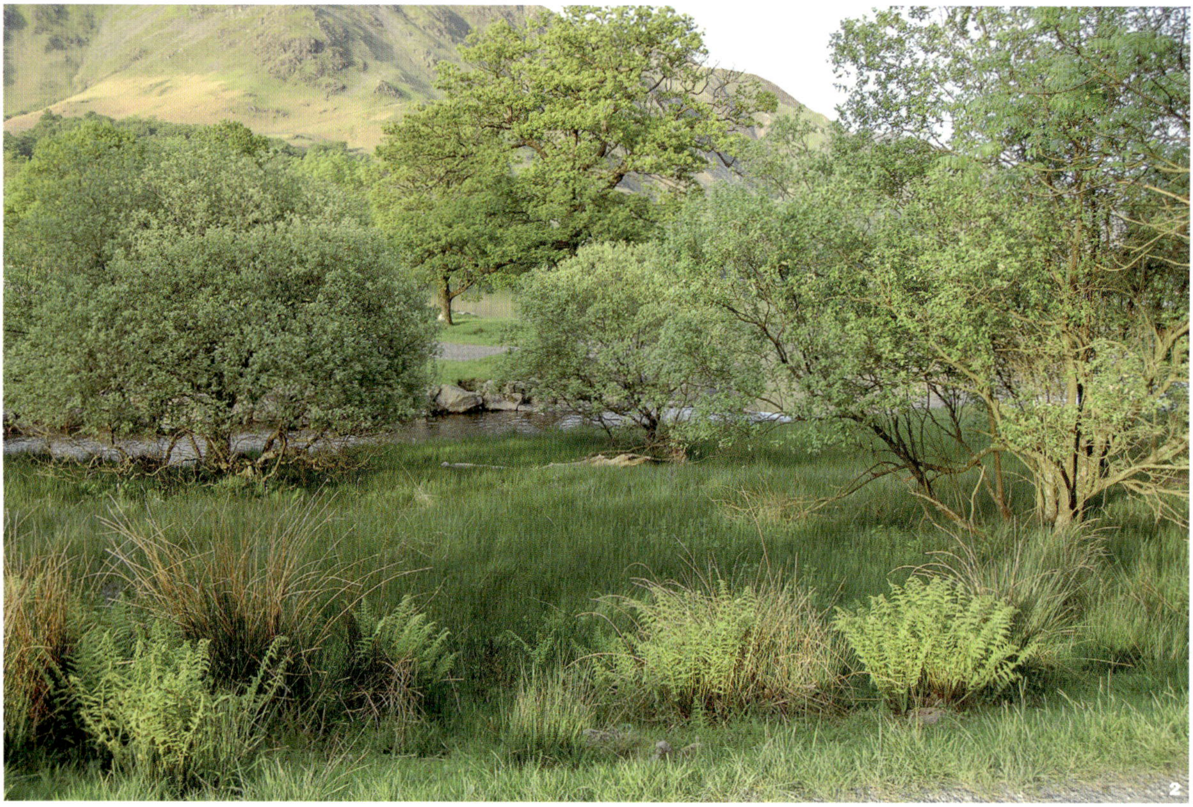

2

문화적 맥락

내가 말하는 '자연적인' 경관은 사실 '준자연'을 뜻한다고 앞서 말했다. 거의 모든 경관, 식생, 군락에 인류의 손길이 닿았기 때문이다. 그러나 인류는 단순히 군락을 바꾸는 것 이상의 영향력을 미친다. 원래 경관에는 '시그니처 식물plant signature'을 만들어 내는 문화적 층위도 있다. 경관 속에서 특정 식물이나 군집 그리고 문화적 인공 구조물 사이에 자리 잡은 눈에 띄는 결합은 정원 구성의 출발점 또는 '디자인의 원천design generator'을 제공하는 추가적인 요소로 유용할 수 있다. 이때 중요한 점은 식재할 때 적절한 곳에 특색있는 요소를 도입한다면 지역색 즉, 장소성을 부여할 수 있다는 사실이다.

1. 분홍색 딕탐누스 알부스Dictamnus albus가 자라는 이 스텝처럼 가시가 많거나 거친 관목, 소교목이 그룹 지어 있는 모습은 오랫동안 사람들의 손이 닿은 경관의 특징이다. 이곳처럼 광활한 초원에 있는 줄기가 많은 나무는 상대적으로 2차원적이고 다소 단조로울 수 있는 전망에 구조와 '구두점punctuation'이 꼭 필요하다는 것을 보여 준다.

2. 영국 컴브리아Cumbria 지역 레이크 디스트릭트Lake District의 경관. 둥근 모양의 수많은 참나무와 버드나무가 모두 일정한 높이로 양에게 먹힌 흔적이 있는 것으로 보아 주기적으로 방목이 이루어졌다는 사실을 알 수 있다. 이것이 바로 전통적인 '삼림 목초지wood pasture'의 모습이다. 전경에 있는 수직적인 형태의 골풀rushes과 양치식물ferns은 방목 가축의 입맛에 맞지 않아 살아남았다. 이는 고도로 문화적인 경관으로, 공간적·구조적 특성 측면에서도 많은 디자인적 영감을 준다.

3. 바닥에 야생화가 피는 옛 사과 과수원은 낭만적이고 자연스러운 매력이 있지만, 이 또한 사람이 완전히 변형시켜 놓은 경관이다.

식물전략이론

마지막으로 한 걸음 물러나 앞서 언급했던 패턴을 만드는 과정을 살펴보자.

식물전략이론이란 군락이 돌아가는 원리를 이해하기 위한 열쇠다. 이는 식물생태학에서 세계적으로 가장 앞서나가는 이론 중 하나이며, 셰필드대학교의 교수 필립 그라임과 그의 동료들이 개발했다. 그라임 교수가 나의 박사과정 지도교수였기 때문에 나는 이 이론을 잘 알고 있으며, 박사학위 또한 전부 이와 관련된 것이다. 다른 많은 저자가 식물전략이론을 원예와 식재디자인에 적용해 보려 했지만, 모두 고유의 생태학적 용어를 사용했기 때문에 응용 분야로 옮기기가 쉽지 않았다.

스트레스와 교란

식물전략이론은 식물이 생장할 수 있는 최대치를 제한하는 두 가지의 근본적인 힘이 있다는 개념을 기초로 한다. 첫 번째 힘은 스트레스다. 여기서 스트레스는 식물의 생장률과 식물이 생산해 낼 수 있는 총 '생물량biomass, 어느 시점에 임의의 공간 내에 존재하는 특정 생물체의 양을 중량 또는 에너지량으로 나타낸 것'을 감소시키는 모든 요인을 말한다. 따라서 부족한 양분, 너무 적거나 많은 수분, 극심한 추위나 더위가 그 요인이 될 수 있다. 예를 들어 매우 건조한 날씨나 아주 척박한 토양과 조건에 특별히 적응하지 못한 일반적인 식물은 상당한 스트레스를 받는다. 그런데 여기서 물이나 비료만 약간 더 주어지면 식물은 금세 쑥쑥 자란다. 다시 말해 스트레스가 많은 조건에서는 식물이 생산할 수 있는 생물량이 감소해 생장할 수 있는 최대치에 도달하지 못한다.

반대로 스트레스가 적은 장소는 토양이 비옥하며, 적절한 물이 공급되고, 기온이 온화하다는 특징이 있다. 그렇기에 식물이 생장할 수 있는 최대치에 도달하지 못할 이유가 없다. 결과적으로 스트레스가 적은 환경은 매우 생산적인 환경이고 반대로 스트레스가 많은 환경은 비생산적인 환경이라 규정할 수 있다.

두 번째 힘은 교란이다. 방목, 답압, 소각, 경작, 심한 가뭄 등 식물의 기본적인 생장에 피해를 주는 모든 것이 이에 해당한다. 스트레스가 아주 적은 환경에서 자라는 식물은 잠재적으로 생장할 수 있는 최대치에 도달할 수 있다. 하지만 그런 환경에서도 어떤 외부 요인 때문에 지속적으로 해를 입는 경우에는 그렇지 못하다. 즉, 교란은 식물의 생장을 방해하기보다는 이미 만들어진 식물체를 파괴한다.

교란이 심한 환경은 매우 불안정하며 심각한 가뭄, 잦은 땅갈이, 침수 등 주기적인 혼란을 겪는다. 반대로 교란이 최소화된 환경은 매우 안정적이다.

생산성과 안전성

식물전략이론의 기본 원리는 전 세계 모든 곳을 상대적인 생산성과 안정성 정도에 따라 규정할 수 있다는 것이다. 식물은 오랜 진화를 거치며 다양한 환경에서 생존할 수 있도록 적응해 왔다. 여기서 핵심은 세계 어느 곳이든 식물은 어떠한 스트레스나 교란의 영향을 받아도 같은 방식으로 적응하는 경향이 있다는 것이다. 즉, 우리는 각기 다른 생산성과 안정성 조합에 어떻게 적응하느냐에 따라 식물, 군락, 식생 유형을 분류할 수 있다. 107쪽 그래프는 0부터 10 사이의 지수로 측정된 스트레스와 교란을 생산성과 안정성 측면에서 표현한 것이다. 단, 이 지수는 전적으로 상대적이다.

그래프의 왼쪽 하단에는 매우 생산적이고 안정적인 조건의 조합이 있다. 전통적인 정원이나 조경 환경에서 모두가 추구하는 것은 바로 식물이 자랄 수 있는 완벽한 조건이다. 즉, 영양분과 물이 풍부하며 기온이 온화하고 어떠한 피해도 받지 않는 상태를 의미한다. 하지만 야생에서는 이야기가 달라진다. 식물 생장을 막는 것이 없는 환경에서는 이러한 조건을 최대한 이용하는 식물이 이득을 본다. 빠르게 자라거나 퍼지는 식물들은 물·양분·빛을 최대한 빨아들여 땅의 위아래로 최대한 많은 공간을 차지한다. 이 식물들은 매우 공격적이고 경쟁력이 강해서, 이들을 따라잡을 수 없는 허약하거나 더 여린 개체들을 도태시킨다. 이러한 유형의 식물을 본래 이론에서는 경쟁식물competitor로 불렀지만, 이 책에서는 '지배식물dominator'로 표현하겠다. 이들은 공간을 독차지하려는 경향이 있으며, 주로 질감이 거친 식물이 차지하는 다양성이 매우 낮은 식생을 형성한다.

반대로 매우 교란되었거나 불안정한 곳에서는 이러한 지배식물들이 자리 잡을 만한 기회를 얻지 못하고 지속해서 피해를 입거나 파괴된다. 적어도 1년에 한 번씩 정기적으로 기존의 모든 식생을 갈아엎는 밭을 예로 들어보자. 새로운 작물을 파종하거나 심을 수도 있지만, 경작 후 밭을 그대로 내버려 둔다면 곧 잡초라 불리는 식물들로 가득 찰 것이다. 본래 이론에서는 잡초를 거친 땅에서 자라는 터주식물ruderal이라 하지만, 우리는 '팝업식물popup'이라 부를 것이다. 그래프에서 보면 비옥하고 생산적이지만 매우 불안정한 조건인 오른쪽 하단에 들어맞는다. 팝업식물은 한해살이풀, 두해살이풀, 수명이 짧은 여러해살이풀을 의미하는데, 교란 주기에서 살아남기 위해 수명이 짧다. 또 종자 등

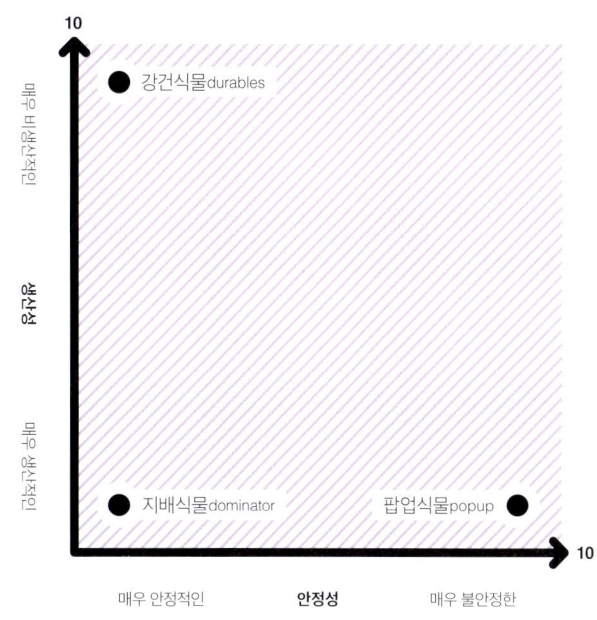

세 가지 유형의 식물에 대하여 스트레스나 교란의 정도가 안정성과 생산성에 미치는 영향을 나타낸 그래프.

버려져 관리가 되지 않은 매우 비옥한 옛 도시 텃밭에 '지배자'의 전형인 분홍바늘꽃Chamerion angustifolium이 가득하다. 경쟁력이 강한 식물이 왕성하게 분열하여 형성된 '군락stands(삼림에서 주위 식물들과 구분되는 숲의 범위를 의미하지만 여기서는 초본을 비유하는 의미로 사용되었다)' 사이에서 다른 종들이 공존할 가능성은 매우 적다.

다양한 수단으로 잘 퍼지기 때문에 쉽게 교란된 지역을 벗어나 새로운 서식처를 개척한다. 이 범주에 포함되는 일부 군락이 만들어 내는 풍경은 지구상에서 손꼽히는 장관 중 하나다. 잘 알려진 예로 미국 남서부와 남아프리카 사막에 만발하는 꽃들이 있다. 그들은 봄비에 반응해 발아하고, 극심한 여름 가뭄이 시작되기 전에 꽃을 피우고 씨앗을 떨어트리는 한해살이풀로 경관 전체를 환하게 밝힌다.

상대적으로 안정적이지만 매우 척박한 곳은 극한의 기온, 영양분 결핍, 이용 가능한 수분의 부족, 얕고 돌이 많은 토양 등 조건이 혹독하다. 이러한 극단적인 조건에서 살아남는 식물은 느린 생장, 둥글고 낮게 자라는 형태, 질긴 잎과 줄기와 같은 방법을 동원해 적응했다. 원래 이론에서는 스트레스내성식물stress-tolerator이라 불렀지만, 우리는 '강건식물durables'이라 부르도록 하자. 강건한 성질이 있는 군락 중에는 매우 건조한 환경에서 물을 보존하기 위해 적응한 것들이 있다. 이들은 미세한 털 때문에 나타나는 은회색 잎이나 두꺼운 밀랍 같은 큐티클cuticles, 생물의 표피 바깥쪽을 덮고 있는 세포. 수분이 빠져나가는 것을 막고 외부로부터 몸을 보호한다. 때문에 잎이 청록색을 띤다. 또 다육질이거나 낮고 소복하게 자

1. 트렌텀가든의 꽃밭. 주황색 꽃을 피우는 한해살이풀 금영화 Eschscholtzia californica와 푸른색 꽃을 피우는 파켈리아 타나케티폴리아 Phacelia tanacetifolia 종자가 뿌려졌다. 한해살이풀은 다음 교란이 일어나기 전 단 한 번의 생장기에 생애주기를 마치는 전형적인 '팝업식물' 또는 교란 내성 식물이다.
2. 탈공업화 이후 다양한 '팝업' 식물이 차지한 셰필드의 버려진 부지. 우선국 Aster novi-belgii과 자작나무 Betula pendula가 생산하는 엄청난 양의 씨앗은 바람을 타고 퍼져 척박한 땅에 정착하기 때문에 이 지역까지 올 수 있었다.
3. 건물 철거 재료로 덮여 있는 셰필드의 또 다른 탈공업화된 장소. 이곳은 두해살이나 수명이 짧은 여러해살이 '팝업' 식물인 자주해란초 Linaria purpurea와 레세다 루테올라 Reseda luteola 등으로 뒤덮여 있다.
4. 산성 토양의 히스랜드(위)와 건조한 관목 지대(아래)의 식물들은 서로 매우 다른 기후에서 자라지만 심한 스트레스에서 적응하는 특성은 비슷하다.

라는 특성이 있다. 하지만 고산식물은 또 다른 유형의 예다. 고도가 높은 곳에 사는 고산식물은 과도한 빛과 낮은 온도에 노출되는 환경과 맞서 싸우기 위해 키가 작고 땅에 붙거나 기는 형태 또는 뿌리에 가까운 잎이 로제트형rosette, 지면 가까이에서 잎이 장미꽃 모양처럼 방사상으로 퍼지는 형태의 식물체으로 자란다.

이 세 가지 극단 사이에는 많은 중간 범주가 있지만, 식물이 아예 살 수 없는 매우 척박하고 불안정한 환경 조합에 관한 범주는 없다.

다양성

우리는 식물전략이론을 간단히 검토하면서 중요한 결론에 다다를 수 있었다. 전통적인 정원과 조경 환경에서 만들려는 식물 생장 조건은 실제 자연에서 다양하고 매력적인 식생이 발달하는 데에는 오히려 불리하다. 사실상 이 조건들은 경관에서 공격적이고 왕성하게 성장할 수 있는 지배식물에게 맞는 환경을 조성한다. 반대로 스트레스와 교란 정도가 극심한 환경은 식물의 생장을 심하게 저해한다. 이 장에서 이야기한 다양하고 아름다운 군락의 성장을 북돋는 환경 조건에는 적당한 수준의 스트레스 그리고/또는 교란이 있다. 이는 식물의 활착 조건과 지속적인 유지·관리 측면에서 우리만의 다양하고 아름다운 자연주의 식재를 고려할 때 염두에 두어야 할 중요한 사항이다. 다음 장에서는 여기서 설명한 자연 읽기의 원리를 식재에 적용하는 방법을 이야기해 보겠다.

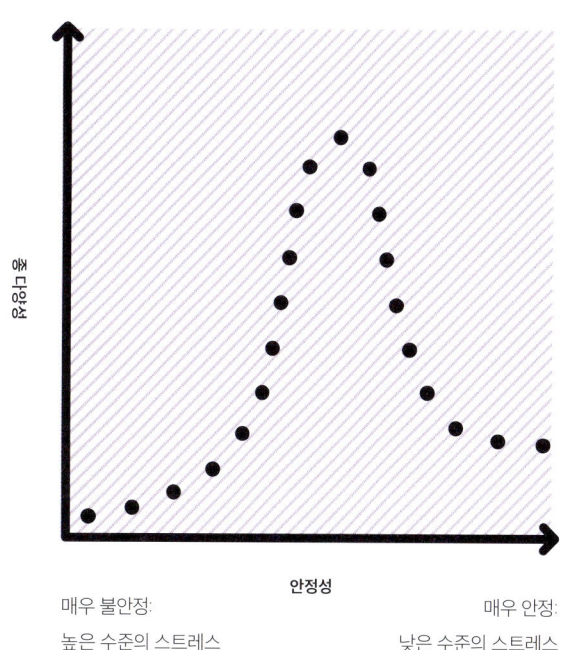

생태학에서 험프백 모델humpback model은 식물 다양성과 전반적인 부지 조건 사이의 관계를 설명한다. 그래프는 식물 다양성이 부지 안전성에 따라 어떻게 변화하는지 보여 준다. 매우 불안정한 부지와 매우 안정적인 부지는 모두 다양성이 낮다. 전자의 교란되고 척박한 조건에서는 식물이 성장하기 어렵고, 후자의 비옥하고 교란되지 않은 조건은 경쟁력이 떨어지는 모든 식물을 제거하는 공격적인 '지배자' 식물에 유리하기 때문이다. 이 모델이 주는 큰 교훈은 체계 속 적정 수준의 스트레스와 교란이 식물 다양성을 높인다는 사실이다.

식재디자인의 도구
Planting Design Toolkit

앞서 나만의 식재디자인 접근법의 기본이 되는 야생적이거나 준자연적인 식생의 몇 가지 일반적인 패턴을 설명했다. 지금부터는 이러한 콘셉트를 어떻게 적용할 것인지 이야기하겠다. 나의 목표는 이 책에서 다루는 일종의 생동감 넘치는 식재를 개발하는 데 활용할 수 있는 간단한 방법을 제안하는 것이지, 방대한 양의 기술적이고 세세한 내용으로 여러분을 괴롭히려는 것이 아니다. 아이디어, 철학, 그리고 근본적인 고려 사항과 과정을 소개하는 것에 중점을 두어 식물도감이나 추천 식물 목록은 수록하지 않았다. 앞으로 이야기할 접근법은 이미 검증된 조합뿐만 아니라 온갖 흥미진진하고 새로운 식물조합을 개발하고 이러한 아이디어들을 다양한 기후대에 적용하기 위한 출발점이자 도약의 발판이다. 자, 이제 식물을 다룰 때 나만의 '자연적 영감'을 어떻게 적용하는지 살펴보자.

미국 펜실베이니아주의 한 정원. 다간형 흑자작나무*Betula nigra*와 그라스 스포로볼루스 헤테롤레피스*Sporobolus heterolepis*가 이루는 매트릭스 층 위로 에우파토리움 히소피폴리움*Eupatorium hyssopifolium*의 띠무리와 흩어져 있는 유카잎에린지움*Eryngium yuccifolium*의 꽃이삭과 동그란 씨송이가 솟아올랐다.

공간 만들기

나는 자연주의 식재 유형이 주류가 되어 널리 이용되는 것을 보고 싶고, 또 그렇게 이끌고 싶다. 하지만 기술적으로 매우 어려워서 많은 사람이 시도조차 하지 못한다면 그럴 일은 없을 것이다. 그렇다고 그저 쉽다고 할 수는 없다. 명심해야 할 중요한 개념들이 있기 때문이다. 나는 모호한 부분을 정리하고 꼭 필요한 정보만을 남기고 싶다. 이미 말했듯이 자연주의 식재디자인은 아주 다양한 유형으로 나누어지며, 몇몇 유형을 한데 모으고 최고의 아이디어를 얻을 수 있는 좋은 방법이다.

이번 장에서는 각 식재 영역을 조직하는 상세한 부분을 주로 다루지만, 먼저 큰 그림을 살펴볼 필요가 있다. 설계된 경관을 구조화할 때 자연주의 원리를 어떻게 이용할 수 있는지부터 잘 생각해 보아야 한다.

나는 식재를 해서 공간을 '채운다'기보다는 '만든다'는 아이디어에 관해 이야기해 왔다. 이제 앞 장에서 다룬 원칙들을 경관과 정원 공간의 구조화에 어떻게 적용하는지 생각해 보자. 공간디자인 방법을 깊이 탐구하는 훌륭한 책이 이미 많으니 자세히 설명하지는 않겠다. 그리고 여러분이 다루고 있는 공간의 규모와 상관없이 부지 평가의 기본을 숙지하고 있으며, 토양 유형, 지형과 미기후, 공간의 다양한 기능을 전반적으로 알고 있다고 가정하겠다.

현장·지역의 식생 유형과 식물군락을 익히고, 시각적 특징과 겹겹이 쌓여 온 문화적 층cultural overlay, 한 사회에 자리잡아 온 관행·관습·가치·신념의 집합체을 드러내는 주요 종과 전형적인 패턴을 파악하는 일은 중요하다. 이를 반드시 따라야 한다기보다는 '알맞은' 작업을 할 수 있도록 그 영역의 특징과 생태에 대한 감을 잡는 것에 더 가깝다.

공간 만들기를 이야기할 때 대럴 모리슨Darrel Morrison을 빼놓을 수 없다. 1980년대 후반 아메리카가든클럽The Garden Club of America에서 만난 그는 미국에서 자연과 조화를 이루는 식재디자인의 권위자였다. 나는 그의 방식을 접하자마자 그동안 느껴 왔지만 온전히 표현할 수 없었던 많은 것에 깊이 공감했다. 2007년, 나와 제임스 히치모는 자연주의 식재디자인에 관한 책 《역동적인 경관The Dynamic Landscape》을 공동 편집했는데, 이때 운 좋게도 대럴이 책의 한 장을 집필해 주었다. 이어지는 각 단계는 그의 권장 사항을 기반으로 했다.

1 부지 분석

토양·지질·기후와 생태적 맥락 같은 광범위한 규모뿐만 아니라, 아주 작은 규모의 서식 환경을 관찰하는 것도 중요할 수 있다. 여기에는 그늘이 지는 정도와 지속 시간이 다른 구역, 배수가 잘 이루어지지 않고 연중 일정 기간이 습한 구역, 매우 무덥고 건조한 구역 등이 포함될 수 있다. 포장된 표면과 남쪽이나 서쪽을 향하는 벽이 열을 복사하고 반사하듯이, 이 모든 것은 건축물에 영향을 받는다.

2 이용자 분석

공간을 이용할 사람들의 주된 수요와 기능적 요건을 파악하는 단계다. 길을 내야 할 주요 출입구와 순환 동선을 검토하고, 이용자 편의를 위하여 특정 용도와 기능을 배치할 가장 적절한 위치를 표시한다.

3 매스-스페이스 mass-space 계획

이는 자연주의 정원이나 경관을 만드는 핵심 콘셉트로, 물 흐르듯 짜임새 있는 계획을 세우는 데 아주 중요하다. 대럴은 그 중요성을 이렇게 말했다. "부지 분석은 오픈 스페이스 포장된 표면, 암석 돌출부, 수水 공간, 키 작은 식생 구역 등 뿐만 아니라 이미 '주어진' 매스 건축물과 기존 식생를 구분하는 데 도움을 준다. 이용자를 분석하면 둘러싸고 가리거나 공간을 만들 목적으로 식생 매스가 필요한 영역, 즉 현재 열려 있는 영역이 어디인지 분별할 수 있고 특정 활동의 장이 되는 오픈 스페이스의 필요성을 알 수 있다. 이 두 가지 분석 결과를 바탕으로 매스-스페이스 계획을 수립할 수 있다."

4 구성 요소 설정

매스-스페이스 계획의 매스를 해당 디자인의 '벽과 천장'으로 전환하면 적절한 구조적 '구성 요소 building block'를 이끌어 낼 수 있다. 스페이스는 초지와 습지, 잔디밭이나 포장된 표면같이 그에 맞는 '바닥층'의 구성 요소로 전환할 수 있다.

5 식물 선정

이 단계에서는 다양한 구성 요소에 알맞게 식물군락을 선정하고 세부적으로 식재하는 것이 좋다.

---

1. 식재디자인 용어로 매스는 단순히 공간을 포함하거나 형성하는, 움직임을 방해하거나 방지하는, 시선을 차단하는 식생으로 정의될 수 있다. 그리고 스페이스는 공간을 채우거나, 공간을 가로질러 조망할 수 있게 하거나, 쉽게 이동할 수 있게 하는 식생으로 정의될 수 있다. 사진은 여러 층의 식생 구조나 매스를 이용해 흐르는 듯한 오픈 스페이스 배열이 만들어진 모습이다. 잔디밭을 그라스 같은 키 큰 사초 sedges가 둘러싸고 있으며, 보다 높은 층에서는 주변 나무들이 전체 공간을 경계 짓는다.
2. 매스와 스페이스의 다양한 층위에 대한 또 다른 예시. 숲속 빈터는 참나무 소림으로 둘러싸여 있으며, 여러해살이풀, 양치식물, 그라스 혼합으로 채워져 있다. 지면층 식재 경계를 따라 조성된 넓은 길 때문에 이 공간의 층위는 더욱 분명해진다.

1. 네덜란드 암스텔베인의 야크페테이서파크. 흐르는 듯 탁 트인 이 공간은 다층적인 소림을 조성하면서 오픈 스페이스의 틀과 형태를 갖추었다.
2. 이 공간은 다양한 방식의 식생으로 구성되어 있다. 주변 나무들은 숲속 빈터에 편안한 분위기를 만들어 주고 있으며, 가장자리에 있는 자유로운 형태의 관목들이 이러한 분위기를 더욱 강조한다. 한편 낮은 산울타리라는 보다 정형적인 요소가 '바닥층'의 초지 같은 초원을 둘러싸고 있다. 그리고 그 넓은 빈터 안에는 앉을 자리를 마련해 놓은 더욱 사적인 공간이 있으며, 이는 더 높은 산울타리로 둘러싸여 있다.

3. 약간의 개입으로도 공간 분리가 가능하다. 아이슬란드 레이캬비크센트럴파크Reykjavik's central park의 호수 가장자리에 느슨하게 줄지어 있는 왜림 작업을 한 버드나무가 길을 돌아가게 한다.

구성 요소

공간 구조와 순서가 정해지면 식물군락 유형을 배치하여 그 구조를 만들 수 있다.

'건축적' 유형	특징 참조 군락	세부 사항
바닥층	초원grassland 습지대wetlands 소림 바닥woodland floor	초지meadow 프레리prairie 스텝steppe 꽃이 피는 잔디밭flowering lawn 도시환경 재조합 urban recombinant
벽층	관목지대shrublands 소림 경계woodland edge 기둥 형태의 나무 pillars and columns	스크럽scrub 왜림coppice
천장층		어두운 소림dark woodland 밝은 소림light woodland 초기 소림pioneer woodland 사바나savannah 삼림 목초지wood pasture 과수원orchard

그리고 다양한 유형의 초지나 밝은 소림처럼 구분이 더욱 세세해진다. 이제 이러한 구성 요소를 조합하여 당신만의 경관을 '구성'할 수 있다. 이러한 조합은 무수히 많다. 예를 들면 '꽃이 피는 잔디밭 + 초지 + 과수원 + 왜림'은 꽃이 만발하고 구조가 흥미로운 반쯤 개방된 정원을 떠올리게 한다.

이 시점에서 우리는 이러한 구성 요소 안에서 무슨 일이 일어나는지 자세하게 들여다볼 수 있다. 이번 장에서는 '바닥층' 식재에 초점을 맞출 것이다. 바닥층은 다른 두 유형 모두에서 끊임없이 나타나며, 완전히 몰입하는 경험을 불러일으키는 아이디어와 실제로 마주치게 되는 곳이다. 우리는 바로 이 책에서 이야기하는 향상된 자연주의적 특징을 만드는 데 도움이 되도록 식물을 다루는 일반적인 방법론을 살펴볼 것이다.

셰필드공동묘지Sheffield General Cemetery. 주요 동선을 따라 오른쪽에는 서양회양목 *Buxus sempervirens*, 왼쪽에는 왜림 작업을 한 화단이 있다. 디자인: 나이절 더닛

1. 봄을 맞이한 왜림 화단. 다간형 채진목속 *Amelanchier* 식물의 꽃이 피었다.
2. 여름에는 개나리속 *Forsythia* 식물이 초지의 빈터에 단순한 녹색 배경이 된다.
3. 기다랗게 모양을 낸 서양회양목이 초본을 심을 수 있는 공간을 만든다.
4. 개나리속 식물을 숲 가장자리에 식재해 초지 둘레를 따라 이른 봄의 '황금빛 띠'를 만들었다.
5. 숲 가장자리를 따라 흰색 꽃을 피우는 오도라투스산딸기 *Rubus odoratus*와 초원에서 자라는 디프사쿠스 풀로눔 *Dipsacus fullonum*이 보인다.
6. 초여름의 여러해살이풀 식재. 페르시카리아 비스토르타 *Persicaria bistorta*, 제라늄 마크로리줌 *Geranium macrorrhizum*, 숲제라늄 '알붐' *Geranium sylvaticum* 'Album'이 있고, 맞은편 왜림 작업을 한 화단 하부에 여러해살이풀과 양치식물이 식재되어 있다.

선

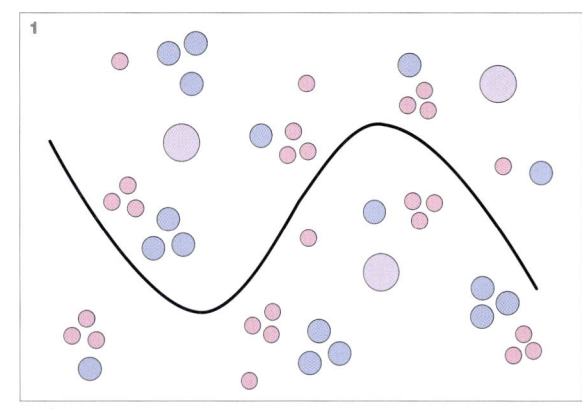

자세한 내용을 살펴보기 전에 나는 가장 먼저 식재 영역을 가로지르는 선을 긋곤 한다. 여기서 말하는 '선'은 윌리엄 호가스William Hogarth의 고전 미학 논문인 '아름다움의 선 line of beauty'을 변주한 것이다. 이 구불구불한 S자 곡선은 앞장에서 살펴본 예시와 같이, 굽이굽이 흐르는 강과 같은 흐름이며, 하나의 구성 원리이자 가독성에 관한 것이기도 하다. 식재 영역 안으로 시선을 끌어들여 매우 복잡한 디자인이라도 관찰자가 한눈에 그 구조를 이해할 수 있도록 해 준다. 또 이러한 개념은 모든 규모에 적용할 수 있으며, 흐르는 듯한 공간 배열이 정원이나 경관 전체의 기초로 자리 잡을 수 있게 한다. 선은 가깝거나 맞닿아 있는 식재 영역을 시각적으로 연결할 수 있으며, 개별 식재 영역 안에서는 다른 모든 것의 출발점이 된다.

흐름의 방향을 식재의 주요 조망점viewing point과 일치하도록 연결하는 것이 중요하다. 보통 식재 구역의 깊이가 충분하지 않기 때문에 조망점이 바로 정면에 오는 경우는 거의 없다. 보통은 출발선에서 가능한 한 가장 긴 궤적을 그리기 위해 양 끝으로 향한다.

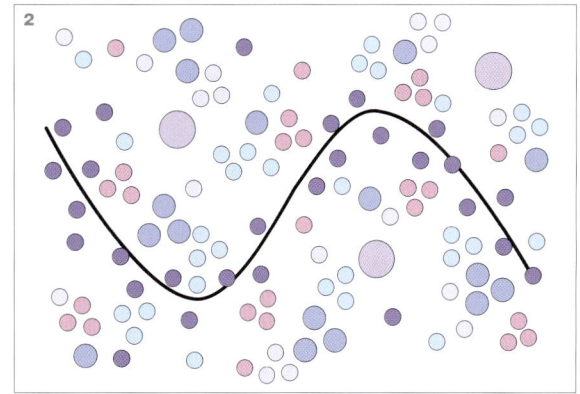

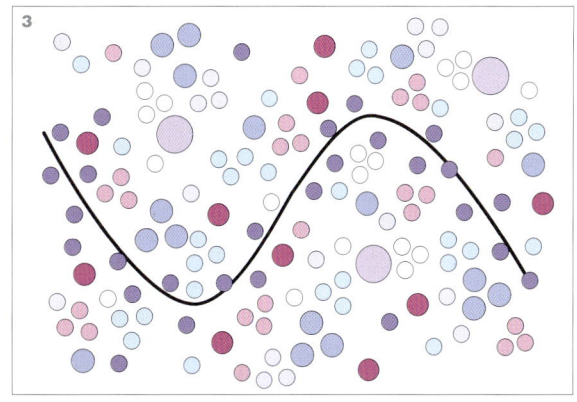

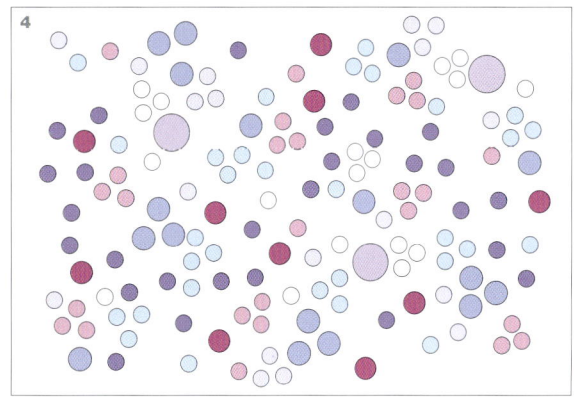

식재가 쌓여 가는 모습을 보여 주는 다이어그램. 방법은 이 장 뒷부분에서 자세히 설명할 것이다. 다른 색의 원은 다른 식물종을 나타낸다. 다이어그램1에서 선은 중심이 되는 구조식물 배치의 기준이 된다. 줄기가 많은 관목(가장 큰 보라색 원)은 가장 먼저 배치되는 주요 '앵커anchor' 식물이다. 다음으로 구조가 좋은 주요 여러해살이풀(파란색 원)이 앞서 배치한 앵커식물 주변으로 배치되며, 이에 따라 추가적인 여러해살이풀(분홍색 원)이 함께 배치된다. 이러한 각 종의 배열은 앞 장에서 논의한 중심 패턴을 따른다. 다이어그램2와 3은 더 많은 종이 모인 '무게 중심' 덩어리로 점진적으로 채워지는 모습을 보여 준다. 다이어그램4에서는 기준선을 지웠다. 언뜻 제멋대로 섞인 것처럼 보일 수 있지만, 실제로는 확실한 조직적 기반이 있다.

꽃이 만발한 캄파눌라 락티플로라 '로든 애나'*Campanula lactiflora* 'Loddon Anna'와 덩어리진 실새풀*Calamagrostis brachytricha* 사이에 흐르는 듯 자리한 공간.

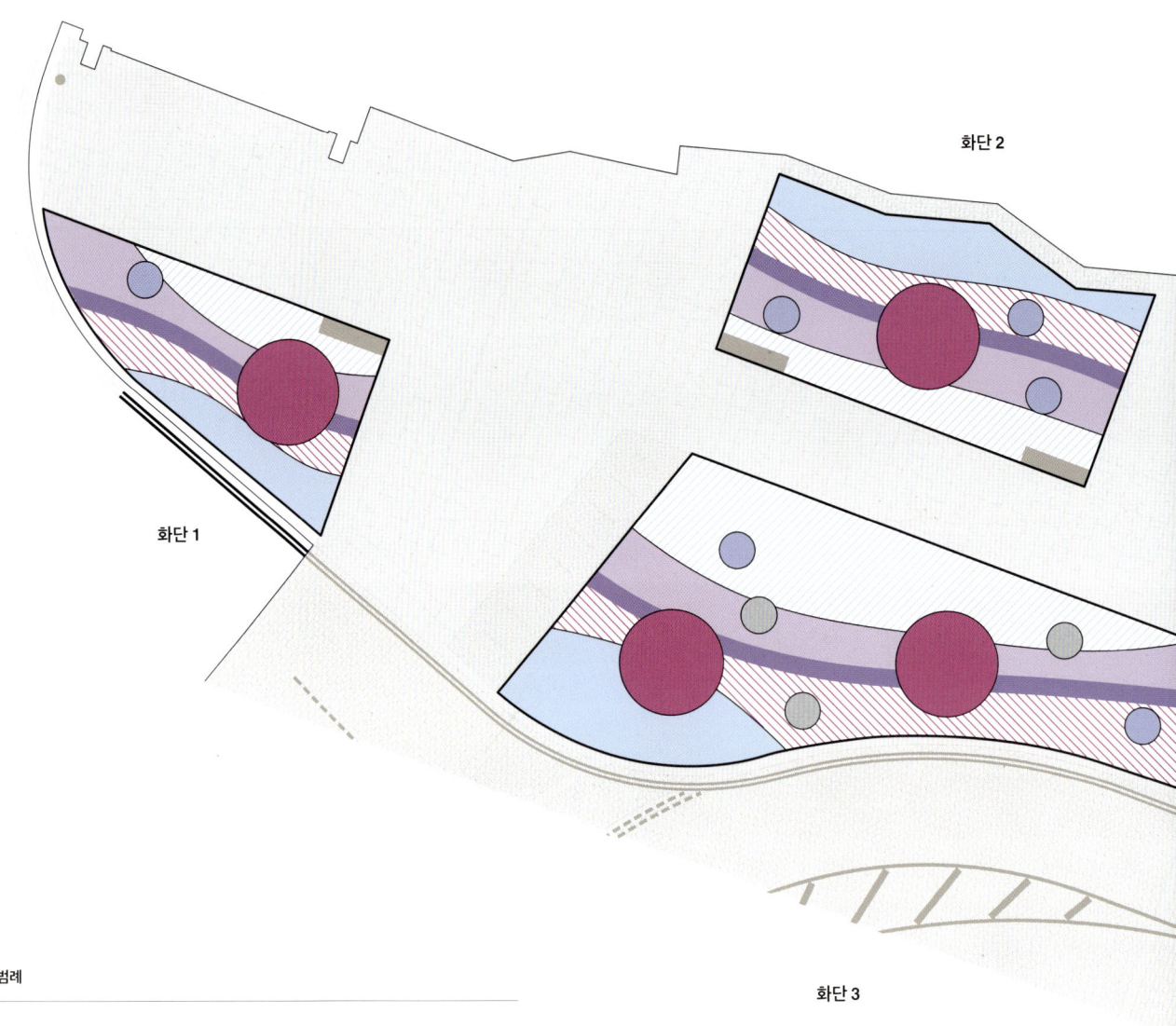

화단 2

화단 1

화단 3

범례

| | 경계부 혼합식재 1
| | 경계부 혼합식재 2
| | 중심부 혼합식재 1
| | 중심부 혼합식재 2
| | 중심부 띠 식재

관목
- 화살나무 '콤팍투스' *Euonymus alatus* 'Compactus'
- 로사 글라우카 *Rosa glauca*
- 다간형 준베리 *Amelanchier lamarckii*

런던의 킹스크로스Kings Cross 개발을 위한 대단위 식재 계획 콘셉트의 일부. 현장 부지는 보행자로 붐비는 가로 경관을 따라 길게 이어진 식재 영역들로 구성되어 있다. 분리된 각 식재 영역 사이에 일관성과 연계성을 부여하기 위해 영역 전체를 가로지르는 선을 그어 시각적으로 연결했으며, 이는 다시 건축적이거나 구조적인 식물들의 중심 띠로 해석되었다. 네 가지 서로 다른 여러해살이풀과 그라스 혼합식재가 기준선을 따라 흐르는 띠무리로 배치되었다. 다간형 소교목과 관목을 무작위적으로 점을 찍듯 배치했지만, 이 역시 기준선을 따라 유도된 것이다.

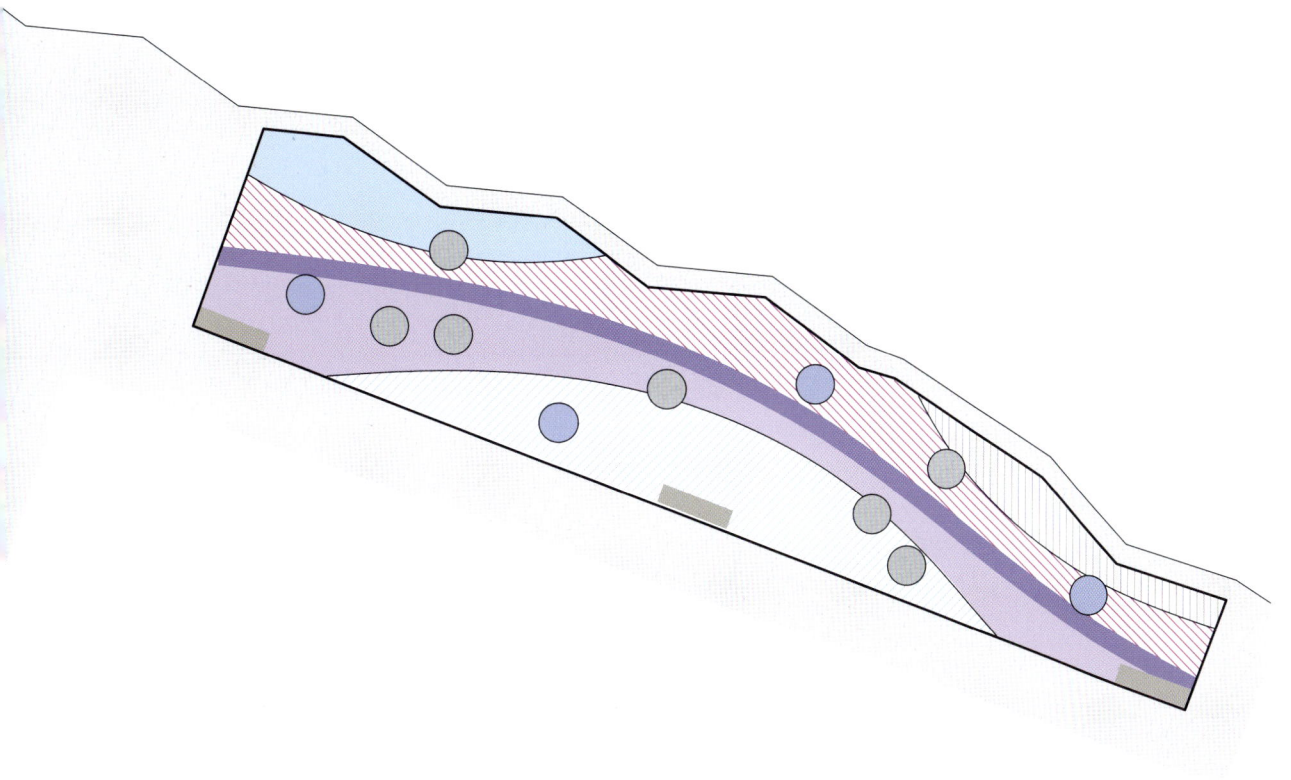

사례 연구:
트렌텀가든 소림정원

디자인 나이절 더닛
조성 2016년 봄

트렌텀가든의 새로운 소림정원woodland garden은 케이퍼빌리티 브라운이 디자인한 호수의 한쪽 면을 따라 이어진다. 아주 오래된 이 참나무 소림은 수십 년간 방치되었다. 하지만 2015년에 무성한 유럽만병초Rhododendron ponticum 덤불과 잡초처럼 퍼져 가던 플라타너스단풍Acer pseudoplatanus을 제거하여 깨끗한 바닥이 드러났고, 높은 교목이 만들어낸 숲지붕 아래의 시야가 넓게 트였다.

나는 소림정원 개념을 새롭게 만들고, 그저 교목과 관목이 아무렇게나 모여 있는 흔한 모습에서 벗어나고 싶었다. 대신 꽃 피는 초본층의 아름다움을 예찬하고, 꽃이 만발한 야생의 소림에서 느꼈던 가슴 벅찬 환희를 재현하려 했다. 봄철 영국 소림의 식물들뿐만 아니라 북아메리카 동부의 숲 바닥에 펼쳐지는 연영초속Trillium, 헐떡이풀속Tiarella, 풀협죽도속Phlox 식물의 장관까지 담아내고 싶었다. 강렬한 회화적 효과를 만들어 낸다는 아이디어는 암스텔베인 헴 파크에서 했던 경험에서 크게 영향을 받았다.

하지만 어떻게 해야 할까? 먼저 긴 부지 형태를 최대한 활용하기 위해 앞 장에서 설명한 여러 원칙을 사용했다. 교차종과 어우러지는 경계를 포함한 다양한 여러해살이풀, 그라스, 양치식물 혼합체의 기다란 띠무리에 관한 아이디어였다. 혼합식재 사이의 흐릿한 가장자리를 잡아 주기 위해 부지를 가로지르는 곡선을 여러 개 그었다. 이 선들은 나중에 식재를 확장하면 무한정 연장될 수 있다. 나는 양치식물, 사초, 그라스를 엉성하게 줄지어 식재해 선을 만들어 냈는데, 이들은 가까운 혼합식재로 살짝 넘어가거나 섞이기도 했다.

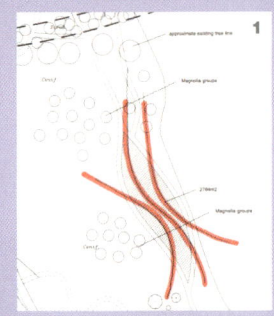

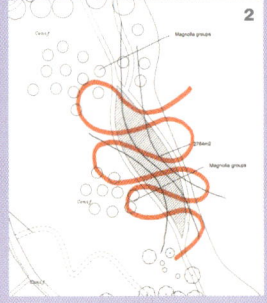

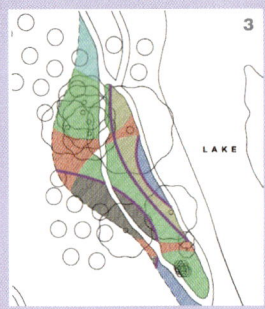

트렌텀가든 소림정원의 콘셉트는 몇 가지 기준선을 중심으로 구성되었다. 먼저 부지 길이에 따라 세 가지 선을 그렸다. 이는 네 가지 서로 다른 색을 주제로 한 여러해살이풀 혼합 띠무리의 흐름으로 전개되었다(다이어그램1). 다음으로 대비를 주기 위하여 구불구불한 선을 하나 더 그려 넣었고, 이 선은 띠무리를 수차례 가로지른다(다이어그램2). 이렇게 만들어진 패턴은 네 가지 주요 혼합 띠무리로 구성된 디자인이 되었으며, 다채로운 꽃을 피우는 식물 위주의 대규모 혼합식재와 차분한 대조를 이루기 위해 상록성 잎 식물을 중심으로 한 혼합식재를 추가로 더 진행했다(다이어그램3).

1. 북아메리카 식생에서 영감을 받은 늦여름과 가을의 혼합식재. 푸른색 꽃을 피우는 아스테르 마크로필루스 '트와일라이트'Aster macrophyllus 'Twilight'와 흰색 꽃을 피우는 아스테르 디바리카투스Aster divaricatus 조합으로 꽃이 만발할 때 극적인 느낌을 자아내며, 서로 다른 혼합식재 간의 경계를 명확하게 볼 수 있다.
2. 10월 말, 좀새풀Deschampsia cespitosa의 씨송이가 참나무와 너도밤나무 소림 아래에 안개가 낀 듯한 층을 만든다.

식재디자인의 도구

1. 서로 다른 혼합식재를 분리하는 끈을 고정하고 이 분할선을 따라 사초, 양치식물, 그라스를 심는다. 식물을 심고 나면, 세 가지 혼합식재가 흐르는 듯한 띠 무리가 될 수 있다.
2. 여러 달에 걸쳐 꽃이 피는 혼합식재. 분홍색 계열과 흰색 계열 꽃이 피는 금낭화 *Lamprocapnos spectabilis*를 특징으로 하며, 여름에는 잎이 가을 단풍처럼 노란빛으로 물든다.
3. 주로 푸른색, 노란색, 흰색을 띠는 혼합식재. 프리물라 불가리스*Primula vulgaris*, 양치식물, 삼지구엽초속*Epimediums* 식물과 풀모나리아속*Pulmonarias* 식물이 봄에 다채롭게 어우러지며, 초여름에는 실레네 핌브리아타*Silene fimbriata*의 흰 꽃이 그늘진 곳을 밝힌다.
4. 북아메리카 식생에서 영감을 받은 봄의 혼합식재. 분할선 하나에 매화헐떡이풀 '스프링 심포니'*Tiarella* 'Spring Symphony'가 있고 양치식물인 드리오프테리스 왈리키아나*Dryopteris wallichiana*의 잎이 밝게 빛난다. 매화헐떡이풀의 큰 띠무리가 반복되는 가운데, 흰금낭화*Lamprocapnos spectabilis* 'Alba'가 흩어져 있고, 아스테르 마크로필루스 '트와일라이트'*Aster macrophyllus* 'Twilight'의 초록색 잎 뭉치가 돋아난다. 초여름에는 매화헐떡이풀꽃이 시들기 시작하지만, 그 주변에서 아스테르 잎 무리가 튼튼하게 자라난다. 이것은 식재디자인에서 '층위 만들기layering' 원칙을 보여 주는 사례다.
5. 겨울의 아스테르 씨송이. 사초, 양치식물, 그라스의 경계선 중 하나를 따라 인상적으로 존재감을 드러낸다.

혼돈 속 질서

이제부터 자연주의 식재디자인을 위한 조직 구조organizational structure를 살펴보자. 이는 나만의 접근법과 사고방식에서 핵심을 뽑아내는 방법이자 과정이라 할 수 있다. 이를 개발하게 된 이유 중 하나는 기존의 접근법들 때문이다. 무척 헷갈리고 혼란스러운 경우가 많았으며, 방대한 전문용어의 늪에 빠져 있었고, 내가 직접 관찰한 자연계의 움직임과 잘 맞지 않았다. 나는 오랜 시간 동안 식물학이나 생태학 관련 전문 지식이 없어도 자연주의 식재디자인에 다가가는 보다 쉬운 방법이 필요하다고 생각해 왔다. 이러한 나의 생각은 점점 만연해지고 있는 자연주의 식재디자인 또는 기술주의적 유형의 측면에서의 '무작위' 접근법이 식재디자인의 가장 놀랍고 창의적인 측면, 특히 세심하게 고려되는 식재 조합의 측면을 놓치게 한다는 우려에 대한 반응이기도 하다. 그래서 나는 앞 장에서 다루었던 세 가지 유형의 모든 요소를 한데 모아야 할 필요성을 느꼈다.

비유로 시작해 보자. 이는 내가 몇 번이고 되풀이해서 다시 곱씹어 생각해 보는 개념의 틀이다. 왜냐하면 앞으로 이야기할 방법들은 보편적인 것, 즉 어디서든 적용될 수 있는 원칙과 개념이기 때문이다. 자연의 느낌을 만들어 내려면 자연의 법칙을 출발점으로 삼고 바라보아야 한다. 나는 이러한 보편적인 식재를 '유니버설 식재universal planting'라 부른다.

여러분은 우주에서 바라본 지구의 모습을 본 적이 있을 것이다. 대륙-국가-지역-도시에서 소소한 장소까지 확대되는 모습은 놀랍기 그지없다. 실제로 그저 '구글어스Google Earth'를 열기만 해도 단 몇 초 만에 우주에서 우리 집 뒷마당까지 이동할 수 있다. 다양한 스케일로 생각하다 보면 신선한 관점을 가지게 되고 더 큰 그림을 볼 수 있게 된다. 이제 이러한 마음가짐으로 시야를 더욱 넓혀 보자!

지구는 우리 별인 태양 주위를 공전하는 행성들로 이루어진 태양계의 일부이며, 다른 별과 행성계가 연결되어 우리 은하를 형성한다. 중력이 작용해 수백 수천 개의 은하가 모여 은하단이 되며, 은하단이 모여 '초은하단superclusters'이 된다. 각각의 은하가 수십억 개의 별들로 구성될 수 있다는 점을 생각하면, 초은하단은 방대하고 불가사의한 규모의 조직 구조를 이룬다고 할 수 있다.

도대체 이런 내용이 식재디자인과 무슨 상관인지 의문이 들 것이다! 여기서 핵심은 바로 앞에서 언급한 '조직 구조'다. 우리 우주에서는 자연법칙이 어디에서나 적용되어 믿을 수 없을 정도로 작은 것에서부터 상상할 수조차 없는 거대한 것까지 영향을 끼치는 조직 구조를 부여한다. 자연은 언뜻 보기에 무질서한 혼돈처럼 보이는 것에 패턴이나 질서를 만들어 내는데, 때로는 적절한 스케일에서 살펴보아야 그 패턴을 알아차릴 수 있다. 앞 장에서 언급했듯이 기준으로 삼은 스케일에 따라 다양한 패턴이 나타나기 시작하며, 특정 규모만을 고집한다면 다른 규모에서 무슨 일이 일어나고 있는지 이해하기가 매우 어렵다.

원자atoms 수준에서부터 초은하단에 이르기까지 전 우주에 걸쳐 다양한 차원의 구조에서 기반이 되는 것은 중력이다. 물리학 원리에 따르면 질량을 가진 모든 물체는 중력의 중심이 되고, 그 물체의 크기나 힘에 따라 주변의 다른 물체들이 더 멀거나 가까운 거리로 모여든다. 물체가 무게 중심이 된다는 이러한 아이디어는 내가 식재를 조직화하는 방식의 토대가 된다.

유니버설 플로

나는 자연주의 식재디자인에 대한 나의 방식을 '유니버설 플로Universal FLOW'라 부른다. 유니버설에는 두 가지 의미가 있다. 전 세계의 특정 식생·식재 유형에 국한되지 않고 어디서든 널리 적용될 수 있는 원칙이자, 전체 과정과 아이디어에 대한 은유다. 이러한 은유는 곧 함께 알아볼 것이다. 플로FLOW는 식재디자인 과정에서 다루는 중요한 요소 네 가지, 힘과 흐름Forces and Flow, 층위Layers, 질서Order, 파동Waves의 약자다.

- F : 힘과 흐름Forces and Flow
  주어진 영역에서 식물에게 작용하는 요인과 식물의 공간적이거나 수평적인 배열
- L : 층위Layers
  식물의 수직적 배열과 공간의 경계·분할
- O : 질서Order
  식재의 통일감·일관성·가독성을 만드는 방법
- W : 파동Waves
  식재, 시간의 변화, 유지·관리 사이 힘의 관계

여기에 우선순위는 없지만 각 요소를 적절히 고려하고 나면 식재 계획이 완성된다.

한편, 플로FLOW는 단어 자체가 그 콘셉트를 설명한다. 흐름flow, 방향direction, 움직임movement은 식재에 생기를 불어넣는다. 이러한 아이디어가 없는 계획은 기운과 활력이 부족하기 때문에 나는 언제나 여기서부터 출발한다. 또 이는 식물의 공간 배치에 대한 근거이기도 하다. 자연주의 식재디자인 지침은 대부분 무작위 식재나 주요 구조 또는 '돌출emergent' 식물을 여기저기 흩뿌린 배치를 다룬다. '무엇이 이러한 흩어져 있는 배치를 만드는가?'라는 질문에 대한 답은 보통 '아무런 이유가 없다'는 것이다. 하지만 우리는 아무렇게나 접근하기보다 식재에 목적의식을 불어넣어야 한다.

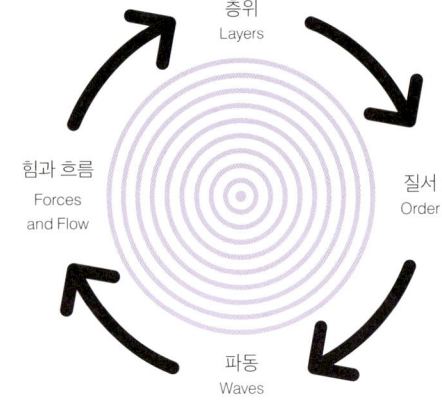

2013년 첼시플라워쇼에서 금메달을 수상한 나의 정원. 북아메리카 동부 소림같이 다층 식재가 이루어졌다. 생태적으로 조합하기에 적절한 식물들을 자연주의적으로 혼합하여 심었고, 색상·질감·형태도 세심하게 고려했다. 전경에 푸른빛이 도는 연보라색 꽃을 피우는 플록스 디바리카타 '클라우즈 오브 퍼퓸'Phlox divaricata 'Clouds of Perfume'과 흰 거품 같은 꽃이 피는 매화헐떡이풀 '스프링 심포니'Tiarella 'Spring Symphony'가 있으며, 분홍빛 제라늄 마쿨라툼 '엘리자베스 앤'Geranium maculatum 'Elizabeth Anne' 뒤로 붉은빛으로 대비를 이루는 키가 큰 캐나다매발톱꽃Aquilegia canadensis이 이어진다.

힘과 흐름

물리학에서 말하는 힘force은 물체에 작용하여 반응을 일으킨다. 나의 플로FLOW 식재디자인 모델에서 힘의 개념은 하나의 계획 안에서 서로 다른 식물이 상호 작용하는 방식을 의미한다. 우리는 자연주의 계획에서 식물의 공간적 분포를 자세히 살펴볼 것이며, 이는 결국 식물을 준비하고 배치하는 실질적인 방법과 관련이 있다.

힘이 식재를 결정한다

특정 장소에서 식물에 작용하는 힘은 식물생태학의 기초 개념이다. 생태학은 "생물과 그 환경 사이의 상호작용과 관계를 연구하는 학문"으로 정의된다. 이러한 상호작용의 결과가 식물 사용의 승패를 좌우한다.

생태학적 상호작용과 영향은 식물이 어느 한곳에서 자라는 방법을 결정하는 '힘'이라 볼 수 있다. 이러한 힘을 이해하고 다스리는 일은 자연과 조화를 이루는 식재디자인에서 꼭 필요한 출발점이다. 그렇기 때문에 식재디자인 과정에서 가장 중요한 첫 단계는 근본적인 현장 조건 평가다. 해당 위치에서 자라고 있거나 자랄 식물에 작용하는 힘이 무엇인지 알아보는 것이다. 온도, 수분 정도, 산도pH, 영양분 효용성, 노출·광도는 식물 생장을 결정하는 물리적인 '힘'의 일부에 불과하다. 물론 우리는 이러한 힘을 유리하게 다루어 얼마든지 원하는 식물이 자랄 수 있도록 부지를 개량할 수 있다. 하지만 자연조건에서 멀어질수록 새로운 조건을 오랜 기간 유지하기 위해 더 많은 에너지가 필요하다.

식물에 작용하는 외부의 물리적인 '힘'뿐만 아니라 식물들 사이에서 이루어지는 경쟁적인 상호작용의 결과도 영향을 미친다. 식물전략이론106~109쪽 참고은 힘이 식재의 외부에 있든 내부에 있든, 다양성·공존·적합성이 다양한 상황에서 어떻게 유지될 수 있는지 이해하기 위한 기초가 된다. 적당한 스트레스나 교란을 유지하는 것이 핵심이다.

무게 중심COG 원리

식물에 작용하는 '힘'을 이해하는 것은 식물 선정의 원동력이 되며, 식물 배열에 관한 고민을 이끌어 낸다. 무게 중심 COG, centres of gravity 원리는 식물종 개체의 중심 패턴을 설명하며, 단연코 가장 일반적인 식물 분포 패턴이다. 이는 '주변종을 둔 집단cluster with outliers' 배열이며, 나는 이러한 배열을 기반으로 체계를 잡는다. 무작위 식재법이나 혼합 씨앗을 사용할 때처럼 식물 배열이 무작위적이거나, 여기저기 흩어져 있거나 균일한 띠무리로 나타난다는 원리에 따라 작업하는 대신, 무게 중심을 생각해 보는 것이다. 바로 이때 힘이라는 개념이 등장한다. 같은 종 개체 집단이 중심이 되어 그 중심에서 멀어질수록 약해지는 인력, 즉 끌어당기는 힘을 발휘한다고 상상해 보자. 중심부 식물 그룹은 더 촘촘해지고, 중심에서 멀어질수록 드문드문할 것이다. 이것이 식재의 기본 단위가 된다. 그런 다음 이러한 무게 중심이 동일한 종 개체들 뿐만 아니라 다른 종 개체들까지 끌어들이고, 이들도 같은 '주변종을 둔 집단' 분포를 갖게 된다고 상상해 보자. 이러한 기본 패턴을 이용하여 여러 종을 혼합하여 조합하면 곧 복잡한 상호작용이 일어난다. 117쪽에 있는 다이어그램의 배열은 이러한 상호작용이 어떻게 이루어지는지 보여 준다.

비결은 혼합에

자연주의 식재를 다룰 때 우리는 엄격한 계획에 따라 분명하게 그룹화한 개체보다는 혼합체를 주로 다룬다. 혼합체를 구성하는 종과 전체 대비 각 종의 기여도를 생각하는 것이다. 일반적으로 나는 한 가지 혼합체에 최대 20종을 사용하는데, 이보다 더 많으면 효과가 너무 희석되기 시작한다.

1. 부지 인근 지역에 자주 사용되는 혼합식재. 원하는 효과에 따라 식물종을 다양한 비율로 섬세하게 배분했다. 초여름에는 꽃톱풀 '문샤인'*Achillea 'Moonshine'*의 꽃이 만발한다.
2. 늦여름의 주요 경관을 구성하는 니포피아속*Kniphofia* 식물, 흰 꽃이 핀 리베르티아 포르모사*Libertia formosa*, 노란빛을 띤 연두색 꽃을 피운 알케밀라 몰리스*Alchemilla mollis*. 먼저 꽃이 피었던 꽃톱풀 '문샤인'의 씨송이도 보인다. 식재 디자인: 나이절 더닛
3. 영국 웨스트미드랜즈주West Midlands에 있는 한 공장부지의 식재. 식재 도면 없이 혼합식재가 이루어졌다. 가을철에는 구조를 만드는 그라스 사이로 아스테르 '퍼플 돔'*Aster 'Purple Dome'*이 두드러진다. 이 식재는 겨우내 그대로 두었다가 1월 말에 베어 낸 다음 봄에 대대적인 잡초 제거 작업을 한다.

일단 나는 앞서 이야기했던 선을 시작점으로 설정한 다음, 식재 계획 안에 있는 다양한 혼합체의 경계를 정한다. 흐름의 개념을 이용하면 이러한 혼합체의 방향은 거의 선의 방향을 따르는 띠무리와 같은 형태를 보인다. 여기서 나는 모호한 경계와 교차의 원리를 사용하여 혼합식재 사이의 경계를 흐릿하게 만들 것이다.

자연주의 식재디자인의 기술주의적 유형에서 혼합식재의 식물들은 아주 자연스러운 효과를 내기 위해 무작위로 심어질 것이다. 하지만 나는 이러한 혼합체의 식재조합들을 더 많이 통제하고자 약간 다르게 접근한다. 그러기 위해서는 식물의 유형을 더욱 통상적으로 고민해야 한다.

우리는 두 가지 주요 유형인 식물 구조 유형과 식물 생장 형태를 살펴볼 것이다. 이는 전체적인 식재와 개별적인

혼합체들의 세세한 부분을 어떻게 공식화하고 만들어 갈 지 결정하는 데 도움이 된다.

식물 구조 유형

조경디자이너와 정원디자이너는 식물 유형을 다르게 분류하는데, 다음 내용은 내가 작업하는 방식이다. 이는 다른 분류보다 훨씬 더 유연하며 구성 요소의 개념 같은 방식으로, 시각적이고 구조적 관점에서 식재할 수 있도록 조정된다. 식재 구역 대부분은 전통적인 식재 계획이 아닌 혼합식재를 기반으로 한다. 식재 위치가 정해진 식물은 평면도에 표시되지만, 그렇지 않은 경우에는 다양한 식물의 혼합 비율을 고려해야 한다. 이 방식은 계획을 세우는 일뿐만 아니라 땅 위에 어떻게 식물을 배치하느냐에 관한 것이다.

나는 각각의 개별 종들을 하나의 매스mass로 시각화하기보다는, 언제나 각 종이 전체 구역에 걸쳐 어떻게 분포할 것인지를 고민한다. 이는 내가 층위 만들기layering, 파동waves, 색상 효과를 다루는 방식이다. 그래서 나는 식재의 한 부분에 모든 식물을 채우고 다음 부분으로 넘어가기보다는 종별로 심기 시작한다. 그리고 앵커anchors, 위성satellites, 유랑free-floaters 유형 순서로 작업한다.

앵커 유형

앵커식물은 식재의 출발점이자 식재의 성격을 분명히 드러내는 식물이다. 다른 모든 식재의 중심을 잡아 주는 고정점 역할을 하기 때문에 나는 이런 식물을 앵커anchor라 부른다. 앵커식물은 가장 강력한 힘을 발휘하는 무게 중심으로, 이들이 없다면 식재 계획이 무너지기 때문에 배치를 신중하게 고민해야 한다. 나는 각각 기능이 다른 세 가지 앵커를 사용한다.

① 프레임워크 앵커framework anchors
프레임워크 앵커는 다른 디자이너들이 분류하는 구조식물과 비슷하다. 건축적 형태가 강하며 비교적 적은 양을 사용한다. 이들은 기둥 형태를 이루는 다간형 교목이나 관목일 수도 있지만, 굵고 선명한 그라스나 여러해살이풀일 수도 있다. 보통 프레임워크 앵커는 혼합식재에 포함되지 않으며, 식재 계획에서 따로 배치되고 혼합체의 패턴 위로 얹어진다. 나는 종종 S자 선을 두고 이들을 분산시킨다(117쪽 참조).

이미 언급했듯이 프레임워크 앵커는 주로 개별 혼합체와 별개로 배치된다. 하지만 나머지 두 유형은 각각 그 안에 단단히 자리 잡는다.

4. 영국 데번주Devon 가든하우스The Garden House의 능수참새그령Eragrostis curvula. 지중해 원산의 한해살이풀 들판에서 프레임워크 앵커식물로 자리 잡았다. 프레임워크 앵커는 식재에서 인기 선수 역할을 하는 편이며, 비교적 적은 양이 사용된다. 디자인: 키스 와일리Keith Wiley

5. 바비칸의 비치가든Beech Garden에 자라는 유포르비아 카라키아스 울페니Euphorbia characias ssp. wulfenii. 프레임워크 앵커로 가장 먼저 심은 식물이다. 디자인: 나이절 더닛

② **매트릭스 앵커** matrix anchors

매트릭스 앵커는 식재 계획을 하나로 이어 주는 접착제 역할을 한다. 식재에서 낮은 층위에 있는 매트릭스는 자연주의 식재의 오래된 개념으로, 그 위로 키가 큰 식물이 솟아나더라도 시선을 제자리에 붙잡아 주는 바탕 역할을 한다. 초지 같은 식재에서 매트릭스 앵커는 그라스인 경우가 많다. 일반적으로 그라스는 비교적 많은 양을 심으며, 식재 대부분을 차지하는 혼합식물의 일부를 구성한다. 한편, 매트릭스 앵커의 위치에 따라 나머지 식물의 배치가 결정되기 때문에 이를 가장 먼저 배치해야 한다.

1. 트렌텀가든 여러해살이 초지의 스티파 칼라마그로스티스 *Stipa calamagrostis*와 좀새풀 *Deschampsia cespitosa*. 이들은 매트릭스 앵커로 자리 잡았으며, 스티파 칼라마그로스티스는 막 꽃을 피우기 시작했다. 매트릭스 앵커식물은 다른 식물보다 더 많은 양을 사용하는 편이지만, 혼합식재에서 굳이 돋보이는 역할을 할 필요는 없다. 하지만 다른 모든 식재를 하나로 이어 주는 역할을 하기 때문에 종종 꼭 필요한 출발점이 된다. 디자인: 나이절 더닛
2. 주변에 다른 식물들을 배치하기 전에 두 가지 그라스를 매트릭스 앵커로 배치했다.
3. 초여름, 트렌텀가든의 여러해살이 초지. 주요 여러해살이풀이 꽃을 피우기 전이지만 매트릭스가 분명하게 보인다.

③ **캐릭터 앵커** character anchor

캐릭터 앵커는 특정한 주제나 식재 특징을 나타낼 때 가장 중요한 시작점이다. 건축적 측면에서 구조적인 식물이 아닐 수도 있으나, 특정 색상 또는 형태가 있거나 특정 식물 군락의 핵심을 나타낼 수 있다.

앵커식물의 가치는 식재 구조의 이론적 근거가 되어 줄 뿐만 아니라, 무작위 식재가 아닌 식재조합의 요소를 받아들인다는 점에 있다. 하나의 식재 계획에서 세 가지 유형의 앵커를 모두 사용할 수 있으며, 혼합식재에서 추가적인 식재조합의 기반을 만드는 1차·2차 앵커로 작업할 수도 있다. 117쪽의 계획은 1차 앵커와 2차 앵커의 순으로 실행된다.

1. 바비칸의 스텝 식재. 꽃이 만발한 세슬레리아 니티다 *Sesleria nitida*와 헬릭토트리콘 셈페르비렌스 *Helictotrichon sempervirens*가 매트릭스 앵커로 식재되었다. 가뭄에 강한 두 그라스 덕택에 풍성해진 초지 식재는 전반적으로 청녹회색으로 빛난다. 디자인: 나이절 더닛

2. 트렌텀가든 소림정원의 식재. 매트릭스 앵커가 꼭 그라스일 필요는 없다. 봄에 푸른 꽃을 피우는 풀모나리아 '코튼 쿨' *Pulmonaria* 'Cotton Cool'은 잎이 좁고 무늬가 있는, 대체로 상록성 여러해살이풀로, 트렌텀가든 소림정원에서는 매트릭스로 사용되었다. 그 위로 좀새풀 *Deschampsia cespitosa* 뭉치가 안개 같은 꽃 층을 만들어 낸다. 양치식물과 무늬가 있는 여러해살이풀인 브루네라 마크로필라 '잭 프로스트' *Brunnera macrophylla* 'Jack Frost'를 포함한 이 조합은 1년 내내 볼거리를 제공한다. 디자인: 나이절 더닛

3. 그 어떤 식물도 키와 상관없이 매트릭스 앵커종이 될 수 있다. 사진을 보면 매우 꼿꼿하고 튼튼한 바늘새풀 '칼 포르스터' *Calamagrostis × acutiflora* 'Karl Foerster'가 매트릭스로 사용되었으며, 잎 뭉치 사이로 유포르비아 팔루스트리스 *Euphorbia palustris*의 연노란색 꽃이 피어 있다. 같은 해 후반에 같은 장소에서 찍은 아래 사진을 보면, 그라스가 꽃을 피우며 버들마편초 *Verbena bonariensis*의 보라색 꽃과 털부처꽃 *Lythrum salicaria*이 수키사 프라텐시스 *Succisa pratensis*의 푸른색 꽃과 함께 어우러지고 있다. 디자인: 나이절 더닛

식재디자인의 도구 135

위성 유형

다음은 '위성 유형satellites'을 살펴볼 차례다. 위성종은 앵커종 주변으로 모여들며 언제나 식재의 가장 큰 특징을 보여준다. 식물종의 수량 측면에서 식재 대부분을 구성하며, 주된 시각적 흥미를 일으키고 개화나 다른 미적 가치의 연속성을 제공한다.

위에서 말한 모든 범주는 중심부 그룹과 그 주변종을 둔 무게 중심COG 원리에 부합한다. 내가 생각하는 가장 쉬운 방법은 단일종 '단위units'로 식재하는 것이다. 예를 들어, 세 개체로 이루어진 덩어리와 그 주변의 한 개체를 공간 사이사이에 무작위로 배치하는 식이다. 117쪽의 계획이 바로 이 방식을 이용한 것이다. 이렇게 앵커식물에서 시작하여 위성종으로 순차적으로 식재해 나가면 식물종별로 점차 공간을 채워 나갈 수 있다.

1. 2012년 올림픽파크의 유럽정원Europe Garden. 샤스타데이지 '티.이.킬린'*Leucanthemum × superbum* 'T.E. Killin'이 위성종으로 사용되어 매트릭스 그라스인 스티파 칼라마그로스티스*Stipa calamagrostis* 주변에 식재되어 있다. 디자인: 나이절 더닛과 사라 프라이스

2. 트렌텀가든의 여러해살이 초지. 스티파 칼라마그로스티스와 좀새풀 Deschampsia cespitosa이 이룬 매트릭스 안에 칼케돈동자꽃 Lychnis chalcedonica이 위성종으로 자리 잡고 있다. 디자인: 나이절 더닛
3. 바비칸 비치가든의 위성종인 살비아 네모로사 '카라도나' Salvia nemorosa 'Caradonna' 주변에 유포르비아 카라키아스 울페니 Euphorbia characias ssp. wulfenii가 자라고 있다. 디자인: 나이절 더닛

유랑 유형

유랑 유형free-floaters은 다른 분류 체계의 '채움식물fillers'과 동일하다. 이들은 틈을 채우는 역할을 하며, 계획의 성공적인 시각 효과를 위해 꼭 필요한 또 다른 요소다. 여기에는 기본적으로 세 가지 종류가 있으며, 모두 식재 과정의 마무리 단계에 도입해 틈새와 공간에 적절하게 배치할 수 있다.

① 한해살이·두해살이풀annuals and biennials
한해살이풀은 꽃이 피고 성장기가 끝나면 죽지만 이듬해부터 자연발아하여 스스로 자라난다. 식재에 생기와 활력을 더하기 위해 매년 계획에 따라 한해살이풀을 파종하거나 식재할 수 있다. 또 첫해에 여러해살이풀이 덜 자라 비교적 작은 상태일 때 그 사이의 틈을 메우기 위해 사용할 수도 있다.

② 수명이 짧은 여러해살이풀short-lived perennials
수명이 짧은 여러해살이풀을 식재 계획에 일부 사용해 초기에 상당한 볼거리를 더할 수 있다. 하지만 이러한 식물들은 처음 몇 년 동안만 살아남을 수 있으며, 이후 일부는 자연발아할 수도 있으나 점차 사라질 것이다.

③ 알뿌리식물bulbs, 구근식물
알뿌리식물은 연중 초기와 중기에 아주 중요한 역할을 한다. 식재 계획에서 종종 꽃을 가장 빨리 피우는 식물인데, 나중에 꽃이 피는 식물이 치고 올라오는 동안 폭발적인 계절감을 발산한다.

1. 올림픽파크의 캘리포니아 사면The California Bank. 해가 잘 드는 남향에 자연발아하는 금영화Eschscholzia californica를 심어 극적인 경관을 연출했다. 디자인: 나이절 더닛

2. 바비칸의 스텝 초지 식재. 유랑식물과 수명이 짧은 식물을 많이 사용했다. 초여름에 꽃을 피우는 알리움 '글로브마스터'*Allium* 'Globemaster'를 비롯해, 크나우티아 마케도니카*Knautia macedonica*의 진홍색 꽃송이와 중앙에 마네스카비국화쥐손이*Erodium manescavi*의 밝은 분홍색 꽃도 살짝 보인다. 알뿌리식물은 식재 사이사이에 꽤 고르게 흩어져 있고, 수명이 짧은 여러해살이풀인 크나우티아 마케도니카와 마네스카비국화쥐손이는 주변에 씨를 많이 퍼뜨린다. 디자인: 나이절 더닛

3. 흰색 꽃을 피우는 우단동자꽃 '알바'*Lychnis coronaria* 'Alba'는 수명이 짧은 또 다른 여러해살이풀이지만, 병 씻는 솔처럼 생긴 스텝 그라스 멜리카 킬리아타 *Melica ciliata*와 마찬가지로 자연발아한다. 알리움 '글로브마스터'의 씨송이는 1년 내내 형태가 남아 있다. 디자인: 나이절 더닛

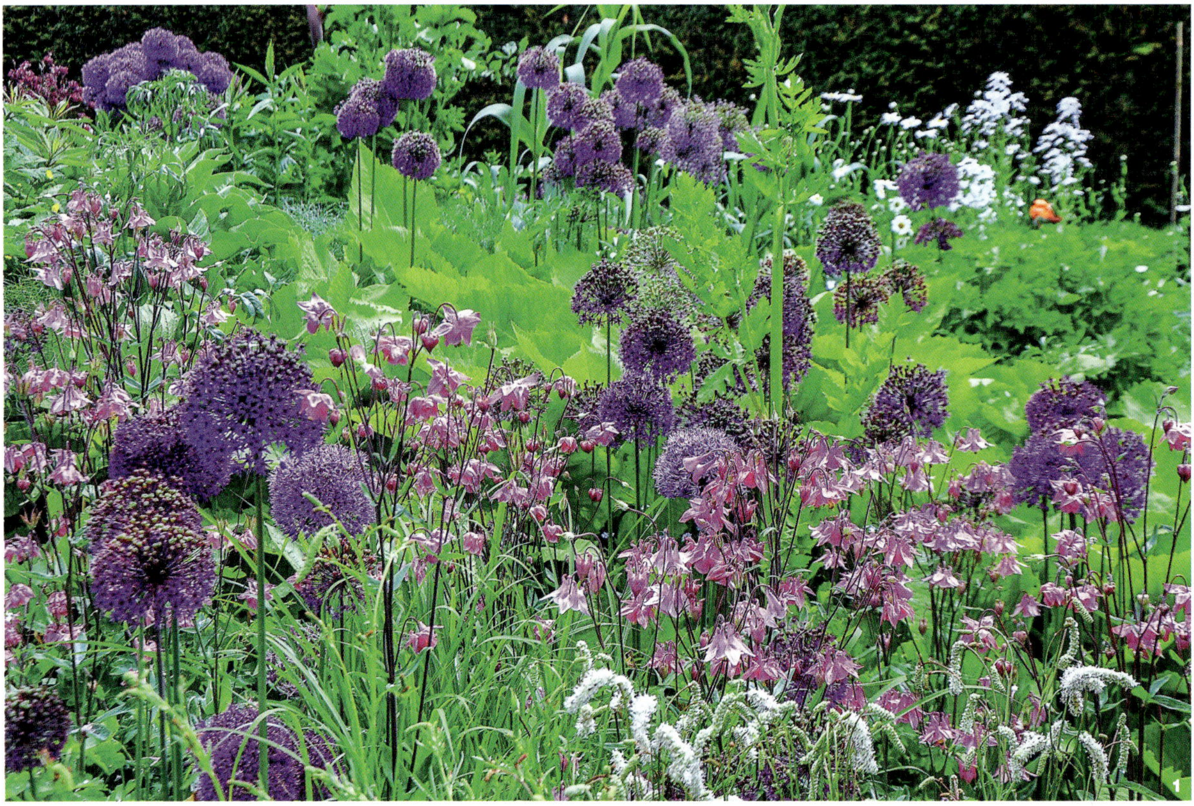
1

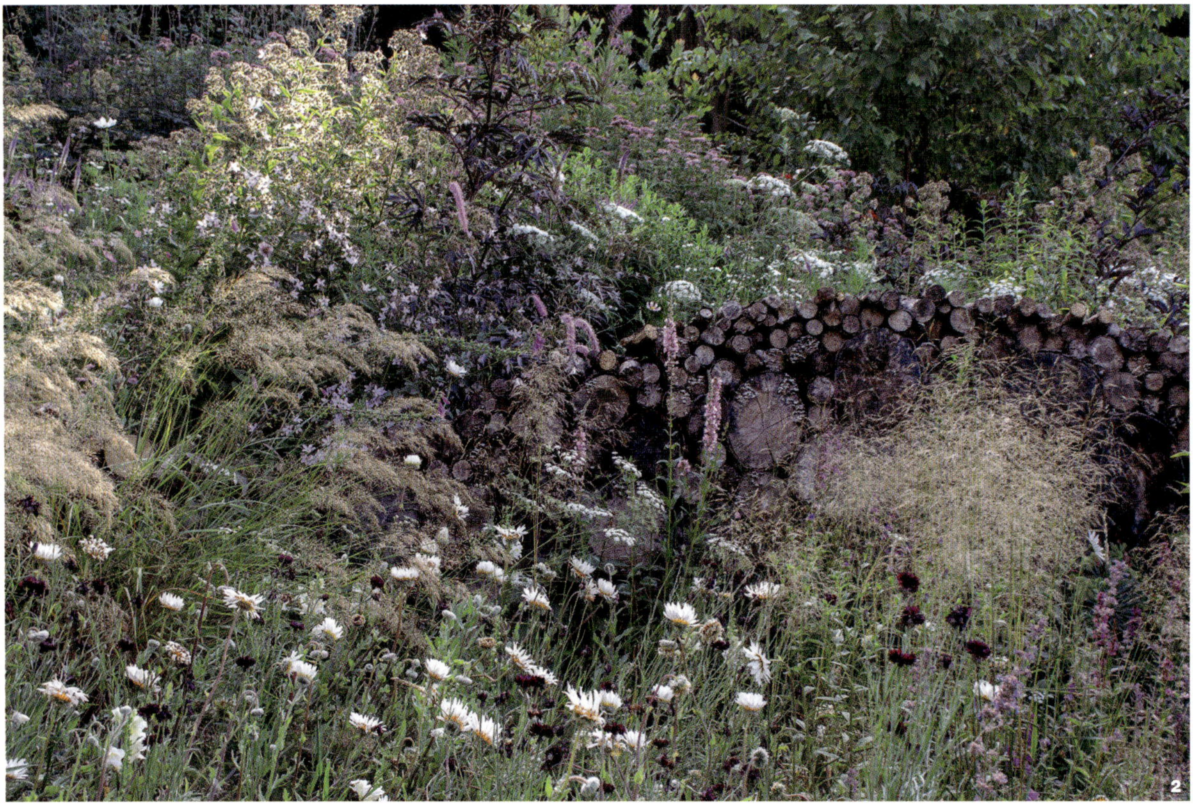
2

1. 그레이트 딕스터의 부추속*Alliums* 식물은 나중에 꽃을 피울 덩치 큰 여러해살이풀 사이에서 일찍 피어난다. 새매발톱꽃*Aquilegia vulgaris* 교잡종과 뒤에 있는 헤스페리스 마트로날리스 '알바'*Hesperis matronalis* 'Alba'는 식재 구역 안에서 자유롭게 씨를 퍼뜨릴 것이다.

2. 여러해살이풀 사이에 한해살이풀을 자연스럽게 심은 나의 정원. 여러해살이 관상용 그라스 무리 사이로 베니디움 파스투오숨*Venidium fastuosum*과 수레국화 '블랙 볼'*Centaurea cyanus* 'Black Ball'이 흰색과 보라색 꽃을 피우고, 뒤에 있는 더 큰 식물들 사이를 아미*Ammi majus*의 흰 꽃이 메우고 있다.

3. 도시의 임시 부지에 파종으로 조성한 초지. 버려진 도시 공간을 점령해 버린 수명이 짧은 종들의 기운을 담아 내는 것을 목표로 했다. 두해살이풀과 수명이 짧은 여러해살이풀을 많이 포함했으며, 다간형 티베트벚나무*Prunus serrula* 주위에 혼합씨앗을 뿌렸다. 레세다 루테올라*Reseda luteola*의 곧추선 꽃이삭이 눈에 띄며, 이들은 자리를 잡고 나면 씨앗을 떨어뜨려 번식할 것이다. 디자인: 나이절 더닛과 랜드스케이프 디자인 어소시에이츠Landscape Design Associates

4. 흰색 꽃을 피우는 트렌텀가든 소림정원의 실레네 핌브리아타*Silene fimbriata*는 유랑식물이며 수명이 짧은 여러해살이풀이다. 꽃이 피는 여러해살이풀인 터키대황 '아트로상귀네움'*Rheum palmatum* 'Atrosanguineum'처럼 오래도록 자리할 여러 식물종 사이의 틈에 스스로 씨앗을 뿌린다.

올림픽파크의 스티치 메도Stitch Meadows. 더 오래도록 자리 잡을 튼튼한 여러해살이풀 사이에 유랑 식물을 많이 사용했다. 예를 들어, 보라색 꽃을 피우는 카르투시아노룸패랭이꽃*Dianthus carthusianorum*과 노란색 꽃을 피우는 부프탈뭄 살리키폴리움*Buphthalmum salicifolium*을 심었다. 디자인: 나이절 더닛과 제임스 히치모

1. 바비칸 비치가든에 나타나는 다양한 수직적 형태. 꼿꼿한 속단속*Phlomis* 식물의 씨송이, 촘촘한 참억새 '운디네'*Miscanthus* 'Undine'와 다간형 벚나무속 *Prunus* 식물, 더 짧고 느슨한 부채꼴의 그라스 세슬레리아 니티다*Sesleria nitida* 가 있다. 둥근 형태의 유포르비아 카라키아스 울페니*Euphorbia characias* ssp. *wulfenii*가 이들과 강하게 대비를 이룬다.
2. 나의 정원. 꼿꼿하게 서 있는 억새 '클라이네 질버슈피네'*Miscanthus* 'Kleine Silberspinne'가 물을 뿜는 분수 같은 스티파 칼라마그로스티스*Stipa calamagrostis*와 대비를 이룬다.
3. 단단한 직립 형태의 바늘새풀 '칼 푀르스터'와 터리톱풀*Achillea filipendulina* 의 평평한 씨송이가 강한 대비를 보여 주고 있다. 디자인: 댄 피어슨

4. 바비칸 비치가든의 조화로운 모습. 곧게 뻗은 속단속Phlomis 식물의 노란색 꽃과 배암차즈기속Salvia 식물의 보라색 꽃, 리베르티아속Libertias 식물의 흰색 꽃이 둥근 형태의 유포르비아 카라키아스 울페니와 잘 어울린다. 동시에 부추속allium 식물의 꽃, 층층이 돌려나는 속단속 식물, 유포르비아 카라키아스 울페니의 꽃송이에서 둥근 모양이 반복된다.

5. 올림픽파크의 북아메리카정원North American garden 같은 초지 느낌의 식재는 평평하거나 수직적인 형태가 두드러지곤 한다.

6. 올림픽파크의 스티치 식재Stitch Plantings. 평평한 흰색 꽃을 피우는 산당근 Daucus carota과 꼿꼿한 수직 형태의 우단담배풀속Verbascums 식물이 강한 대비를 이룬다.

1. 반복적이고 간격이 넓은 둥근 형태의 식재. 바비칸처럼 낮은 층과의 대비가 두드러질 때 효과적이다.
2. 미국 펜실베이니아 정원Pennsylvania garden. 그라스 스포로볼루스 헤테롤레피스Sporobolus heterolepis의 질감을 느낄 수 있는 아래쪽 매트릭스 위로 꼿꼿한 것부터 느슨한 것까지 수직 형태의 '돌출식물emergents'이 있다.
3. 영국 켄트주 시싱허스트성Sissinghurst Castle 개암나무길의 식재. 강한 대비를 이루는 질감과 형태를 보여 준다.

적합성

공간 레이아웃layout에 관한 이 글에서 힘의 비유를 사용하는 중요한 이유는 자연주의 계획에서 식물을 선정할 때 주로 고려해야 하는 사항 중 하나가 경쟁적 적합성competitive compatibility이라는 개념이기 때문이다. 미학만 기반으로 여러 종을 조합하는 것은 아무 소용이 없다. 단지 한두 종만이 다른 종들을 누르고 우세할 뿐이다. 이들은 지속적인 유지·관리 없이도 공존할 수 있어야 한다. 다양한 혼합식재에서 과도한 경쟁을 피하려면 두 가지 조치를 취해야 한다. 첫 번째는 우세하는 지배식물을 저지하기 위해 계획에 적당한 스트레스나 교란이 있는지 확인하는 것이고, 두 번째는 애초에 세력이 강한 지배자 유형의 식물을 선정하지 않는 것이다.

디자인을 위한 식물의 기능적 분류 면에서 매우 자세히 설명할 수도 있지만, 여태껏 그래왔듯이 최대한 간단하게 이야기하겠다. 먼저 고려해야 할 두 가지 요소는 번식력과 생장률이다. 이와 관련하여 세 가지 유형으로 식물을 구분할 수 있다.

- **영양번식종**clonal plants **또는 확산종**spreading plants
  대표적인 지배자 유형의 식물로, 무성번식으로 성장하여 인접한 지역을 뒤덮고 공간을 차지한다.
- **덩어리형성종**clump-formers
  같은 자리에서 점점 더 촘촘한 덩어리를 만들며, 시간이 지나면 그 크기가 점점 더 커질 수도 있다.
- **자연발아종**seeders
  씨앗으로 번식하여 퍼진다.

각 범주마다 식물이 얼마나 공격적으로 성장하고 번식하는지 그 정도를 약함, 보통, 강함으로 나눌 수 있다. 다음은 이러한 아이디어로 혼합식재를 구성하는 방법의 몇 가지 예시다.

① 다양한 여러해살이 초지 느낌의 혼합식재

공격성이 약하거나 보통 정도인 덩어리형성종을 주로 사용하며, 약하거나 보통 정도의 자연발아종과 약한 영양번식종을 섞어 식재한다. 지배자 유형이 될 수 있는 종, 즉 공격성이 강한 특징을 보이는 종은 모두 피해야 한다.

② 아주 비옥하거나 습한 곳의 혼합식재
영양번식종이나 확산종을 경계하기보다는 탄탄한 덩어리를 형성하는 종과 경쟁할 수 있는 공격적인 종을 사용해야 한다.

③ 일시적인 식재 계획이나 활기찬 임시 초지를 위한 혼합식재
나는 주로 자연발아종을 사용하며, 그들 사이에 강력하게 구조를 잡아 주는 덩어리형성종도 함께 심는다.

식물 생장 형태

식물 생장 형태에 따라 식물을 분류하는 방법은 여러 가지가 있지만, 디자인이 목적이라면 크게 세 가지로 나눌 수 있다.

- 수직 형태 upright
- 둥근 형태 rounded
- 평평한 형태 flat

우리는 식물의 키가 얼마나 크고 작은지, 그리고 이 형태를 얼마나 탄탄히 유지하는지에 따라 다음과 같이 추가로 더 나눌 수 있다.

- 꼿꼿한 형태 strict
- 보통 형태 moderate
- 느슨한 형태 loose

예를 들어, 꼿꼿한 수직 형태가 튼튼한 기둥이라면 느슨한 수직 형태는 분수라 할 수 있다.

완벽한 결과를 위한 다양한 식물 유형의 구성 비율을 정해 놓은 공식은 없다. 단, 초지 같은 미학의 측면에서 둥근 형태가 과하면 울퉁불퉁한 느낌을 줄 것이고, 평평한 형태가 대부분이면 좀 더 자연스러운 효과를 낼 것이다. 둥근 형태와 수직 형태를 조금만 사용했을 때는 대비를 이루지만, 키가 크고 꼿꼿한 식물을 가까이에 붙여서 대량으로 심는다면 좀처럼 만족하기 어려울 것이다. 스트레스가 높은 상황에서 내구성을 지닌 식물은 대부분 더 둥근 형태를 띨 것이며, 이러한 식물이 너무 조밀하지 않고 약간의 수직 형태와 평평한 형태가 함께 있어 대조를 이룰 때 가장 아름다울 것이다. 식재할 때 자신이 원하는 형태를 어떻게 배치할지 간단하게 스케치한 다음, 식재 계획을 해서 형태별로 알맞은 식물을 찾으면 좋다.

거듭 말하지만, 자연주의 식재에 사용할 수 있는 다양한 유형과 형태의 정확한 비율에 관한 엄격한 규칙은 없다. 사실 전에도 귀띔했던 것처럼 규칙이 주어질 때면 이 규칙은 초원이나 초지라는 비교적 제한된 식물군락 유형을 기반으로 하는 경향이 있다. 적어도 이 책의 메시지가 하나 있다면 그것은 규칙을 따르기보다 직접 실험해 보라는 것이다. 자연은 정해진 규칙을 따르지 않는다.

최고의 조언은 '자연 모델을 연구하라'다. 당신의 감정을 자극하는 무언가를 찾아 출발점으로 삼고, 기후대나 지역 경관에서 다루어지는 무언가를 확인해 보기를 바란다. 바로 그 무언가가 당신에게 어떤 느낌을 주었는지, 그리고 당신은 그것을 어떻게 해석하고 싶은지 생각해 보는 것이다. 이 책의 사례를 통해 분명히 나타내고 싶은 점은 대비 contrast가 필수적이라는 사실이다. 식물의 형태가 모두 다 똑같다면 보는 재미가 떨어지기 마련이다.

사례 연구:
올림픽파크의 스티치 식재

디자인 나이절 더닛
조성 2012년 가을

올림픽파크의 '스티치' 식재stitch planting, 공원과 주변 공동체를 바느질하듯 '연결stitch'하고, 개발 플랫폼의 영향을 완충하고 완화하도록 디자인한 식재는 개발을 앞둔 빈 부지를 임시로 채울 대책이자, 주공원의 특징을 드러내며 올림픽파크와 주변 지역을 연결하는 고속도로 경계 식재로 디자인되었다. 이는 튼튼한 여러해살이풀, 알뿌리식물과 한해살이·두해살이풀을 혼합하여 저렴한 비용으로 활기찬 자연주의 혼합식재를 만드는 개념이다. 나는 그 이후로도 스티치 식재를 기본적인 접근 방식으로 여러 번 사용했는데, 이 식재는 끝없는 실험을 할 수 있는 가능성을 열어 주었다.

초여름, 낮은 한해살이풀 층을 뚫고 솟아오르는 식재. 눈에 띄는 노란색 꽃이삭을 뽐내는 에레무루스 스테노필루스*Eremurus stenophyllus*, 밝은 주황색 꽃이 피는 삼각니포피아*Kniphofia triangularis*, 보라색 꽃이 피는 버들마편초*Verbena bonariensis*가 있다.

1. 봄에는 오리엔탈양귀비*Papaver orientale*같은 이른 여러해살이풀과 한해살이풀이 함께 꽃을 피운다. 버들마편초*Verbena bonariensis*의 곧게 솟아난 줄기가 인상적이다.
2. 화분에서 튼튼하게 기른 여러해살이풀을 비교적 낮은 밀도로 심고, 알뿌리식물과 한해살이·두해살이풀, 수명이 짧은 여러해살이풀의 혼합씨앗을 더한 식재. 모두 동시에 식재되었다. 오리엔탈양귀비, 니포피아*Kniphofia* spp., 회향*Foeniculum vulgare*, 베르바스쿰 '식스틴 캔들스'*Verbascum* 'Sixteen Candles', 러시안세이지*Perovskia atriplicifolia* 같은 여러해살이풀들이 알리움 '글로브마스터'*Allium* 'Globemaster' 같은 알뿌리식물과 섞여 있다. 식재할 때 잡초가 자라지 않도록 고운 자갈이나 모래 멀칭재를 이용했으며, 식물 사이에 혼합씨앗을 뿌렸다.

2. 여름에 한해살이풀이 시들해지면, 에레무루스 스테노필루스*Eremurus stenophyllus*의 꽃이 만개한 베르바스쿰 '식스틴 캔들스', 니포피아, 그리고 분홍색 카르투시아노룸 패랭이꽃*Dianthus carthusianorum*의 뒤를 잇는다.

1. 만발한 한해살이풀의 꽃. 나는 사진 속 비스카리아*Viscaria* 교잡종처럼 '가느다란 한해살이풀slender annuals'을 사용한다. 이는 로제트 형태의 큰 잎 무리를 만들지 않아 여러해살이풀과 경쟁하지 않는다.
3. 늦여름에는 산당근*Daucus carota*이 버들마편초*Verbena bonariensis*와 함께 풍성하게 자란다.

층위

전통적인 식재디자인에서는 식물의 수평적 배치와 배열이 계획의 전부지만, 우리에게는 그다지 중요하지 않을 수 있다. 층위layer 개념, 즉 식물의 수직적 층위 구조·배열과 식물이 식재의 시각적 효과에 어떻게 기여하는지가 가장 중요하다. 이것이 우리가 생물계절학 개념을 적용하는 부분이다. 나는 식재디자인에 몸담은 이후로 줄곧 층위 식재와 생물계절학에 매료되었는데, 이는 '셰필드식Sheffield' 식재 접근법의 핵심이다.

한편, 여기서 말하는 층위 또는 캐노피canopy는 케이크의 층이나 숲의 수관층과는 다른 것이다. 두 개념 모두 아래 층을 완전히 덮는 연속적이고 견고한 독립체다. 가끔은 그럴 수도 있지만 내 생각은 이와는 다를 뿐만 아니라, 실제로 영감을 주는 야생의 사례도 이런 식으로 움직이지 않는다. 층위에 관한 엄격한 관점과 '구조식물structural plants'이라는 개념에 지나치게 의존하는 것은 위험하다. 왜냐하면 구조식물과 모든 층이 제자리에 있고 완전한 모습을 갖추었을 때, 즉 생장 과정이 끝났을 때에만 식재가 완성되었다는 느낌을 주기 때문이다. 하지만 식재를 계획할 때는 모든 단계에서 나타나는 시각적인 효과를 염두에 두어야 한다.

사실상 층은 가루를 치는 체나 만화에 나오는 구멍 난 치즈 조각과 더 비슷하다. 균일하고 균질한 층이라고 생각하기보다는, 계속해서 분출되거나 부분적으로 솟아오른다고 생각하는 편이 더 낫다. 혼합식재에서 다양한 식물의 생물계절학적 특징은 '색채의 파동waves of colour' 효과를 일으키기 위해 사용될 수 있다.

올림픽파크의 유럽정원. 여러 층이 연속적으로 분출되거나 일정 부분이 솟아오른 듯 보인다. 5월에는 덩이를 이루고 그룹을 지어 자라는 식물들 사이에서 둥근 형태와 밝은 노란빛이 도는 녹색 잎 무리를 가진 유포르비아 팔루스트리스가 두드러진다. 한편 그 주변과 사이사이에 낮게 자리한 녹색 잎 무리는 다른 종이며, 이들은 스스로 흩어지고 뭉치면서 퍼져 나가 나중에 꽃을 피운다. 그렇게 여름이 끝날 무렵에는 뭉치를 이루는 유포르비아 팔루스트리스가 완전히 가려질 것이다. 디자인: 나이절 더닛과 사라 프라이스

올림픽파크의 유럽정원

디자인 나이절 더닛, 사라 프라이스
조성   2012년

사라와 함께 올림픽파크에 위치한 유럽정원을 만들면서 층위 식재와 생물계절학 개념을 완벽하게 탐구할 수 있었다. 유럽정원은 1킬로미터에 이르는 선형 구조로 '세계정원 World Garden'의 일부다. 세계정원은 사라가 정원의 공간 구조를 구성하면서 전반적으로 동일한 콘셉트를 적용해 디자인했다. 식재의 목적은 먼저 장면을 이루고 있던 층이 물러나고 낮은 층이 위로 솟아나며 만들어지는, 그 결과 보는 즐거움이 오래 지속되도록 하는 것이었다.

유럽정원을 디자인할 때 나의 디자인 콘셉트는 아름다운 유럽식 건초지를 떠올리게 하는 것이었다. 그런 초지의 낭만과 정취를 연출하되, 풍성한 꽃과 자연스러운 느낌을 가진 종이나 재배품종을 이용하여 과장된 방식으로 표현하고 싶었다.

나는 세 가지 앵커식물을 사용하여 식재의 틀을 구성했다. 그중 두 가지는 매트릭스 앵커인 그라스 좀새풀 '골든 베일'*Deschampsia cespitosa* 'Golden Veil'과 스티파 칼라마그로스티스*Stipa calamagrostis*였다. 좀새풀 '골든 베일'는 비교적 일찍 꽃을 피우며, 스티파 칼라마그로스티스는 계절 후반기에 효과적이다. 다른 하나는 캐릭터 앵커이자 여러 계절에 모두 흥미로운 여러해살이풀인 유포르비아 팔루스트리스*Euphorbia palustris*였다. 이는 대부분의 관목처럼 봄에 화사한 꽃을 피우고 여름에 튼튼한 잎을 내며 가을에 밝은 색감으로 물든다. 다간형 단자산사나무*Crataegus monogyna* 그룹은 가지치기를 한 상록성 산울타리처럼 영구적인 구조를 만든다.

늦겨울에는 정원 식물들을 지면까지 베어 내며 잡초를 뽑고 멀칭을 한다. 이렇게 유럽정원은 한 번에 세 가지 이상의 식물종이 식재의 시각적 효과를 주도하지 않는다는 나의 P3 규칙을 깔끔하게 보여 준다.

유포르비아 팔루스트리스는 주요 매트릭스 그라스가 우세해지고 뒤따라 꽃을 피우는 종들이 더 높이 자리 잡기 전에 극적인 봄의 장면을 연출한다. 이들 사이로 후기 개화종 중 하나인 케팔라리아 기간테아*Cephalaria gigantea*의 커다란 잎 뭉치가 보인다.

1. 유포르비아 팔루스트리스의 꽃이 지더라도 익어 가는 씨송이는 여전히 보이지만, 나중에 솟아오르는 새로운 층의 잎 무리 사이로 서서히 가라앉는다. 푸른 배경에 붉은 칼케돈동자꽃Lychnis chalcedonica이 점을 찍은 듯 자리한다.
2. 칼케돈동자꽃이 흰색 샤스타데이지 '티.이.킬린'Leucanthemum × superbum 'T.E.Killin'과 스티파 칼라마그로스티스, 케팔라리아 기간테아의 꽃과 함께 완전히 '양식화된 초지stylized meadow' 효과를 낸다.
3. 오이풀Sanguisorba officinalis은 꽃이 거의 진 샤스타데이지 '티.이.킬린' 사이를 뚫고 솟아오른다.
4. 센토레아 스카비오사Centaurea scabiosa가 솟아올라 그 자체로 극적인 층을 형성한다.
5. 늦여름, 마침내 수키사 프라텐시스Succisa pratensis의 푸른빛 꽃과 털부처꽃 Lythrum salicaria 재배품종의 보라색 꽃이 핀다.
6. 스티파 칼라마그로스티스는 무르익으며 겨울을 견디고, 케팔라리아 기간테아의 씨송이가 솟아오른다.

1. 10월 말, 유럽정원의 모습. 깃털 같은 그라스의 씨송이들이 장관을 연출한다.
2. 그라스의 씨송이와 구조가 좋은 다른 식물들이 겨우내 서 있다.
3. 1월 말, 가지치기한 후 깔끔히 정리된 정원. 층위layers의 전체 주기가 다시 시작될 때까지 상록성 산울타리가 영구적인 구조가 될 것이다.

질서

지금까지 식물의 수직적·수평적 공간 배치와 식물 층위의 역동적인 특성, 그리고 우리가 가지고 있거나 다룰 수 있는 현장 조건에 적합한 식물군락의 모델을 선택하는 것에 관해 이야기했다. 하지만 이것만으로는 부족하다. 자연주의 식재에 가독성을 더하여 무질서한 혼돈이 아닌 질서와 구조를 직접 느낄 수 있도록 하는 것이 중요하다. 이를 위한 두 가지 방법으로 외부적인 질서와 내부적인 질서가 있다.

외부적인 질서

우리는 특정 식재에서 주요 세부 사항 외에 발생하는 디자인 요소를 고려하여 외부적인 질서를 만들 수 있다. 이러한 요소는 주된 자연주의의 특징과 강한 대비를 이룰 수 있으며, 식재의 배경이 되거나 그 틀을 잡아 줄 수 있다. 느슨한 식재에 힘과 의도를 부여하기 위해 틀을 추가하여 자연스러움을 더 두드러지게 하는 것은 중요한 아이디어다. 부분적으로는 회화적인 인상을 주는 픽처레스크 개념으로 거슬러 올라가며, 그림에 액자를 만들어 주는 것은 회화 자체만큼이나 중요할 수 있다. 매우 정형적이건 아니건 간에 대부분 이러한 외부적인 요소는 본질적으로 건축적 특성을 가진다.

4. 트렌텀가든의 이탈리아정원Italian Garden. 반복되는 정형적인 기둥과 낮은 둔덕이 느슨한 여러해살이풀과 그라스 식재 사이에서 질서와 가독성을 만들어 낸다. 디자인: 톰 스튜어트스미스
5. 일정한 간격으로 식재된 유럽개암나무 Corylus avellana와 곧게 뻗은 돌길. 봄과 여름에 눈부시게 아름다운 자연주의식 여러해살이풀로 뒤덮일 지면에 구조와 질서를 부여한다.

1. 영국 런던 시청 근처의 자투리 공원. 선형으로 다듬은 산울타리는 좀 더 자연주의적인 소림 숲지붕 아래에 질서와 감각을 더하며, 작고 더욱 친밀한 공간을 만든다. 디자인: 타운센드 랜드스케이프 아키텍츠Townsend Landscape Architects

2. 올림픽파크의 남반구정원Southern Hemisphere Garden. 정형적인 가로수길을 배경으로 가지치기한 산울타리와 규칙적인 계단, 커다란 관목 뭉치가 다소 비정형적인 여러해살이 식재에 틀을 제공한다. 디자인: 사라 프라이스와 제임스 히치모

3. 영국왕립원예협회의 위슬리가든. 동선으로 구분되어 더욱 정형적인 원형 화단과 가지치기한 유럽너도밤나무Fagus sylvatica 울타리 안에 매우 감각적이고 생동감 넘치는 식재가 포함되어 틀을 이루고 있다. 디자인: 톰 스튜어트스미스

식재디자인의 도구

올림픽파크의 아시아정원

디자인   나이절 더닛, 사라 프라이스
조성   2012년

올림픽파크에 있는 네 개의 세계정원은 각각 구조와 구성 요소가 동일하다. 현장 식재field plantings, 식재 띠strips, 산울타리hedges로 구성된다. 정원의 전반적인 디자인과 식재 띠, 산울타리의 공간 구조는 사라가 맡았다. 이러한 요소를 담을 수 있는 구조가 없다면 현장 식재는 가독성이 아주 떨어질 것이며, 막연하게 비정형적인 특징을 보일 수 있다. 특히, 상록성 산울타리는 자연주의 식재와 대비되는 견고함, 영속성, 그리고 '선line'의 느낌을 강조하며 서로를 더욱 돋보이게 한다.

- 현장 식재field plantings
  나와 제임스 히치모가 디자인한, 층을 이루는 자연주의 여러해살이풀 식재.
- 식재 띠strips
  구조를 잡아 주는 여러해살이풀과 그라스 단일 종으로 이루어진 선형의 블록.
- 산울타리hedges
  정형적으로 다듬어진 상록성 산울타리.

세계정원 중 나머지 세 곳은 꽃으로 인상적인 경관을 연출할 수 있게 디자인되었지만, 나의 아시아정원 콘셉트는 이와 완전히 대조적이었다. 물론 꽃을 사용했지만 더 차분한 인상을 주기 위해 잎 무리의 질감과 대비를 똑같이 강조했다. 나는 정원을 조성하면서 중국에서 보았던 붓꽃속Iris·꿩의다리속Thalictrum 식물이 있는 아름다운 야생화 초지를 참고했다. 원종 나리species lilie는 찰나의 아름다움을 선사했고, 비비추속Hosta 식물, 페르시카리아 암플렉시카울리스Persicaria amplexicaulis, 대상화japanese anemones 재배품종은 약간 그늘진 곳에 배치했다. 다른 세 곳의 세계정원에서 선보인 다양하고 복잡한 혼합식재 대신, 나는 매트릭스와 지피용 그라스 사이에 늦여름과 가을에 화사한 꽃을 피우는 대상화를 '기다란 띠 모양swathes'으로 식재했다. 그러나 이 정원을 뚜렷이 부각시키고 단순한 자연주의 식재 계획 그 이상으로 끌어올리는 것은 대담한 띠 모양으로 심은 아주 곧고 구조적인 그라스다. 이에 해당하는 식물에는 바늘새풀 '칼 푀르스터'Calamagrostis × acutiflora 'Karl Foerster', 참억새 '플라밍고'Miscanthus sinensis 'Flamingo', 참억새 '질버페더'Miscanthus sinensis 'Silberfeder', 참억새 '그라킬리무스'Miscanthus sinensis 'Gracimillus'가 있다.

꼿꼿한 바늘새풀 '칼 푀르스터' 블록 사이에 기다란 띠 모양으로 자리 잡은 대상화 재배품종.

1. 아시아정원의 자연주의 식재는 중국 쓰촨과 윈난에서 볼 수 있는 다양한 야생화 초지의 느낌을 준다.
2. 1월, 같은 장소. 부드럽게 굽은 형태의 상록성 산울타리를 따라 구조적 역할을 하는 그라스 중 가장 눈에 띄는 실새풀이 남아 있다.
3. 보라색 꽃을 피운 중국금꿩의다리 Thalictrum delavayi와 하얀색 꽃을 피운 중국금꿩의다리 '알붐' Thalictrum delavayi 'Album'이 섞여 있다.

4. 7월, 커다란 바늘새풀 '칼 푀르스터' 블록이 아시아정원의 자연주의 식재 사이에 강한 질서감을 더한다.
5. 다간형 중국흰자작나무 Betula albosinensis, 연보라색 꽃을 피운 비비추 '톨 보이' Hosta 'Tall Boy', 그리고 꽃봉오리가 맺힌 중국금꿩의다리 '알붐'.
6. 그라스 블록과 뭉치, 그리고 정형적으로 다듬은 회양목 산울타리가 서로 강한 질감과 구조의 대비를 이루고 있는 아시아정원.

버킹엄궁전의 다이아몬드가든

디자인 나이절 더닛, 사라 프라이스
조성 2013년

런던 버킹엄궁전의 다이아몬드가든Diamond Garden은 엘리자베스 2세 여왕 즉위 60주년을 기념해 조성했다. 퀸스갤러리Queen's Gallery 밖의 공공 구역에 위치한 이 정원은 궁전을 방문하는 관람객들이 주로 하차하는 곳이다. 다이아몬드가든을 디자인할 때 지켜야 할 디자인 지침은 너무나도 복잡했다. 다이아몬드 기호가 포함되어야 하며, 유지·관리가 매우 쉬우면서도 1년 내내 아름다워야 했다. 또 테러 예방책으로 폭발물을 숨길 수 없도록 키가 작은 식물을 심어야 하고, 그중 꽃 피는 식물은 수분 매개 곤충을 위한 가치가 입증되어야 했다. 심지어 이 모든 것들이 다 자란 단풍버즘나무London plane trees 그늘 아래에서 이루어져야 한다는 조건까지 있었다.

먼저 정방형 격자를 기준으로 45도 회전하여 다이아몬드 모양을 만든 다음, 그 형태를 늘려 강한 원근감과 깊이감을 더했다. 연중 보기 좋고 밝은 상아색을 띤 포틀랜드 석회암Portland limestone 띠로 격자 구역을 구분했다. 격자 안에는 두 가지 식재 유형을 두었다. 하나는 자연주의적인 초지 느낌의 식재이며, 공간 대부분을 분홍색, 보라색, 흰색으로 채웠다. 다른 하나는 이와 강한 대비를 주기 위하여 비교적 적은 수의 칸cell을 거의 상록성 지피식물로만 채웠다. 이 정원은 주로 봄과 초여름에 꽃이 피는데, 이 무늬는 여름 그늘에서는 수많은 잎 무리로 이루어진 양탄자 같은 패턴을 이루며 차분해진다. 이러한 패턴이 가을과 겨우내 이어진다.

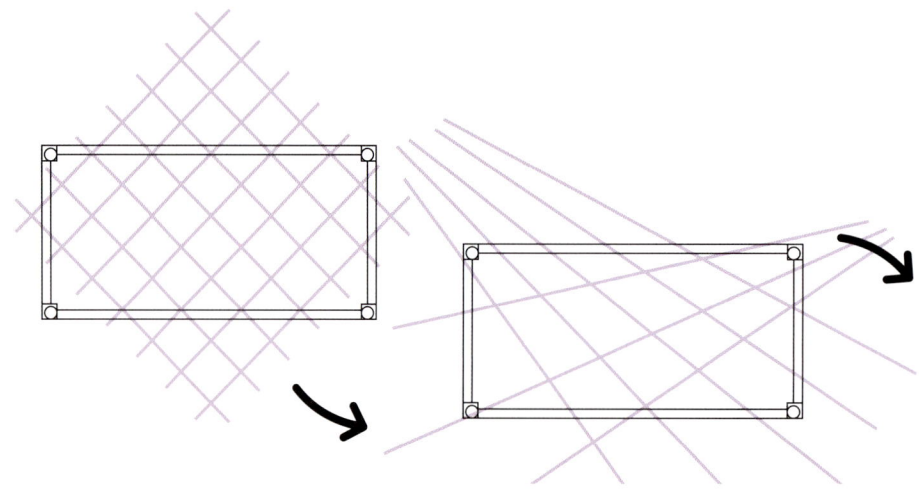

다이아몬드가든 디자인 지침에는 다이아몬드 형태를 사용해야 한다는 필수 조건이 있었다. 나는 먼저 현장 부지에 적절한 단순한 사각형 격자를 만든 다음, 45도 회전하여 다이아몬드 형태가 반복되는 패턴을 만드는 방식으로 디자인을 발전시켜 나갔다. 그런 다음, 평평하고 길쭉한 모양을 내기 위해 격자 양끝을 늘렸으며, 이는 강한 원근감을 더하는 결과를 낳았다. 격자망은 식재할 수 있는 연속적인 '칸'을 제공했고 각 칸은 석회암 띠로 분리되었다. 띠 모양의 석재는 정원을 거니는 동선 역할도 했다.

1. 다이아몬드 형태로 석재 띠를 시공하고(왼쪽), 칸 안에 식물을 배치했다(오른쪽).
2. 2013년 6월 식재 직후의 모습(왼쪽)과 초여름에 석재 띠 주변으로 꽃을 피운 큰꿩의밥 Luzula sylvatica의 모습.
3. 이 건조한 그늘 정원에서 늦여름 이후부터 양탄자 같은 무늬를 이루는 수많은 잎 무리는 주된 볼거리이며, 대부분 상록성 식물이기 때문에 겨울까지 이어진다. 브루네라 마크로필라 '잭 프로스트' Brunnera macrophylla 'Jack Frost'의 회색 잎이 두드러진다.

4. 흰색 꽃을 피우는 제라늄 칸타브리기엔세 '세인트 올라' Geranium × cantabrigiense 'St Ola'와 분홍색 꽃을 피우는 제라늄 마크로리줌 '핀두스' Geranium macrorrhizum 'Pindus'가 자리 잡은 정원의 모습.

직선과 곡선

지금껏 내가 이야기한 대부분은 흐르는 형태와 튼튼하고 유기적인 기본 구조에 관한 것이었다. 나는 이것이 자연주의 디자인의 출발점이라 확신하지만, 질서와 틀을 잡을 때는 직선과 더욱 정형적인 기하학의 역할이 따로 있다. 버킹엄궁전이 대표적인 예다.

완벽하게 정형적인 공간을 계획하는 것이 아니라면, 나는 엄격하고 형식적인 것으로 시작하기보다는 주로 자연주의적인 구조에 일종의 개입을 한다는 느낌으로 형식적 기하학을 나중에 덧붙이는 편을 더 선호한다. 또 나는 늘 흐르는 듯한 형태와 신비감에 기대어 보는 이를 끌어당기는 느낌을 주는 일에 마음이 가지만, 여기서 개입이라는 개념은 자연주의적인 특징을 더욱 부각시키며 대조를 이루는 것을 의미한다.

둥근 형태의 바비칸 계단 입구와 반복되는 기하학적 형태의 건축이 느슨한 식재와 강한 대비를 이룬다. 식재디자인: 나이절 더닛

나의 정원. 일정한 간격을 두고 물결 모양으로 배치한 통나무 더미는 자연주의 식재 내에서 영구적인 구조를 만들어 주고 생물 다양성을 높인다. 식재 내부의 기하학적인 동선은 경관에 푹 빠져들게 한다.

내부적인 질서

외부적인 질서가 공간에 더 큰 규모의 구조나 틀을 잡는 요인에 관한 것이라면, 내부적인 질서는 식재 자체에 구조, 의미, 그리고 확고한 용도를 부여하는 요인에 관한 것이다. 여기에서 우리는 자연주의적인 식물군집을 어지럽고 무질서한 혼합에서 한눈에 읽고 이해하며 제대로 인식할 수 있는 식재로 바꾸는 결정을 내린다. 바로 이 모든 것을 의미하는 용어가 '가독성'이다.

이는 성공적인 식재 계획에서 가장 결정적인 역할을 하는데, 우리는 이번 장에서 이미 수많은 잠재적 질서 요인에 관해 논의했다. 이들 중 다수가 형태·선·질감같이 일반적이거나 전통적인 식재디자인 영역 안에 속한다. 하지만 리듬과 요소의 반복, 새로운 식물의 가치처럼 자연의 식물군락이 작동하는 방식과 더 밀접하게 연관된 몇 가지 요인이 있다. 또 독특한 생태적·미학적인 측면을 가지고 있으며, '부지 적절성fitness to site'과 유사한 자생지의 종들이 서로 조화를 이루도록 만드는 식물 적응의 상보성complementarity, 서로 모자란 부분을 보충하는 관계에 있는 성질과 관련된 질서 요인도 있다. 이러한 요소들을 나타내는 109쪽의 사진은 스트레스가 매우 많은 자생지에서 자라는 식물군락을 보여 준다.

그러나 아직 지금까지 살펴보지 못한 요소가 남아 있다. 바로 색채의 세계다.

1. 미국 필라델피아 근처에 위치한 스워스모어칼리지의 스콧수목원 Scott Arboretum of Swarthmore College. 이 놀라운 반원형 극장에서는 질서감이 느껴지는 계단식 관람석과 그 안에 무작위적이고 자연스럽게 흩어져 있는 백합나무 Liriodendron tulipifera가 경이로운 대비를 이루고 있다.

2. 비교적 균일한 모양의 다간형 흑자작나무 Betula nigra. 규칙적이고 매우 정형적으로 분포하고 있어 그 아래에 있는 훨씬 자유로운 형식의 초지와 극명한 대비를 이룬다. 이런 대비와 질서감이 초지의 생동감 넘치는 자연스러움을 더욱 돋보이게 한다.

색채

나에게 색채는 핵심이다. 물론 지금까지 이야기해 온 것만으로도 기가 막힌 식재 계획을 세울 수 있지만, 색채를 신중하게 선정하면 계획 자체가 완전히 다른 수준으로 향상된다. 모두가 동의하지는 않겠지만, 자연주의적 식재디자인 세계에서 많은 사람은 색채를 형태와 구조의 부수적인 고려 사항으로 여긴다. 하지만 다시 자연주의적 식재디자인 유형을 논의해 보자면, 색채는 인상주의적 전통의 중심이고 다시 가져와 자연주의적 식재디자인의 원동력으로 삼고 싶은 요소다.

전통적인 색채이론에는 조화·대비·색상환 등 활용할 수 있는 정보가 많기 때문에 여기서 다시 반복하지 않겠다. 물론 디자인의 출발을 색채로 하는 것은 좋지만, '고상함tastefulness'이라는 틀에 박힌 태도에 빠지지 않는 것이 중요하다. 자연주의 미학은 실험과 대담함을 향해 열려 있다. 나는 예술가들, 특히 모더니즘적 예술을 하는 예술가들에게서 흥미롭고 예상치 못한 색채 조합을 찾아 색채적 영감을 얻는다. 대부분이 그렇듯, 나도 자연스럽게 인상파에 끌리는데 많은 사람이 나의 식재가 경관에 그려진 인상파의 그림 같다고 말하기도 한다. 하지만 나는 독일의 화가이자 예술가인 파울 클레Paul Klee의 더 추상적이고 초현실적이며 표현주의적인 작품이 초지 같은 형태와 매우 밀접한 연관성을 가지고 있으며, 이러한 색채 조합이 특별할 수 있다는 사실을 알게 되었다.

1. 영국 요크셔주 더브코티지농장Dove Cottage Nursery의 정원. 자주천인국Echinacea purpurea, 팔리다에키나시아Echinacea pallida, 은색 에린기움eryngium, 이 세 가지의 식물은 꽃의 형태가 비슷하고 상호 보완적이지만 색채는 대비된다.

2. 색을 주제로 한 트렌텀가든. 주황색 꽃을 피우는 식물과 대비되는 분홍색·보라색·푸른색 꽃을 피우는 한해살이풀 씨앗을 섞었다. 나는 색채 작업을 할 때 조화로운 색상 사이에 강한 대비를 이루는 색상을 조금 사용해 강조하곤 한다. 혼합씨앗 디자인: 나이절 더닛

1. 트렌텀가든의 여러해살이 초지. 주요 감상 기간에는 흰색, 보라색, 푸른색, 분홍색이 어우러지는 강렬한 색채 계획을 적용했다. 식재디자인: 나이절 더닛
2. 약간의 노란색을 불어넣어 대비 효과에 관한 힌트를 주는 터리톱풀 '골드 플레이트'*Achillea filipendulina* 'Gold Plate'와 질감을 만들어 주는 느릅터리풀 *Filipendula ulmaria*.
3. 색채와 형태가 반복되면 시각적으로 보다 극적인 장면을 연출한다. 앞에 있는 점등골나물 '퍼플 부시'*Eupatorium maculatum* 'Purple Bush'는 늦여름에 하나의 층을 형성할 것이다.

4. 샤스타데이지 '베키'*Leucanthemum × superbum* 'Becky', 버들마편초*Verbena bonariensis*, 네페타 '돈 투 더스크'*Nepeta* 'Dawn to Dusk', 꽃톱풀 '서머와인'*Achillea* 'Summerwine'. 식재디자인: 나이절 더닛
5. 모스카타접시꽃 '알바'*Malva moschata* 'Alba', 살비아 네모로사 '카라도나'*Salvia nemorosa* 'Caradonna', 크나우티아 마케도니카*Knautia macedonica*.
6. 샤스타데이지 '베키', 버들마편초, 점등골나물 '퍼플 부시'.

자하 하디드Zaha Hadid가 디자인한 비엔나경영대학원 캠퍼스에서 볼 수 있는 이 식재는 건물의 강렬한 색채를 보완한다. 통행로 가장자리를 따라 핀 보라색 개박하속Nepeta 식물의 꽃 뒤로 살비아 네모로사 '메이 나이트'Salvia nemorosa 'May Night'의 진보라색 꽃이 피었다. 디자인: BUS 아키텍처BUS architecktur & BOA

1. 트렌텀가든의 소림정원. 대체로 녹색, 노란색, 연분홍색을 사용하여 후퇴하는 느낌을 주는 혼합체는 꽃돌부채 '로트블룸'*Bergenia* 'Rotblum'의 조각이 반복되며 활기를 띤다. 디자인: 나이절 더닛

2. 예루살렘세이지 *Phlomis fruticosa*와 시시링키움 스트리아툼*Sisyrinchium striatum*의 연노란색 꽃차례는 유포르비아 카라키아스 울페니*Euphorbia characias* ssp. *wulfenii*의 다소 동그란 연녹색 포엽과 잘 어울린다. 디자인: 나이절 더닛

3. 색을 주제로 한 이 초지 혼합씨앗은 밝게 빛나는 흰색에 분홍색이 살짝 가미되고, 흩뿌려진 보라색이 분위기를 고양시킨다. 영국 자생종으로 갈리움 몰루고*Galium mollugo*, 서양톱풀*Achillea millefolium*, 불란서국화*Leucanthemum vulgare*, 센토레아 스카비오사*Centaurea scabiosa*가 섞여 있으며 이는 자연에서는 절대 볼 수 없는 혼합체다.

4. 이 강렬한 느낌의 식재 계획에는 붉은색 꽃을 피우는 크로코스미아 '엠버글로'Crocosmia 'Emberglow'와 노란색 꽃을 피우는 꽃톱풀 '파프리카'Achillea 'Paprika' 그리고 이와 완전히 대비를 이루는 진보라색 꽃을 피우는 살비아 네모로사 '카라도나'Salvia nemorosa 'Caradonna'가 사용되었다. 식물들의 높이가 모두 비슷하지만, 부드러운 아치형 그라스인 멜리카 킬리아타Melica ciliata를 시작으로 강하고 곧은 니포피아 '토니 킹'Kniphofia 'Tawny King'까지 질감과 형태가 다양하다.

5. 보라색과 분홍색 꽃을 피우는 팔리다에키나시아Echinacea pallida와 자주천인국Echinacea purpurea은 푸른색 꽃을 피우는 아스테르 마크로필루스 '트와일라이트'Aster macrophyllus 'Twilight'와는 조화를 이루고, 노란색 꽃을 피우는 미역취속Solidago 식물, 파라독사에키나시아Echinacea paradoxa, 루드베키아 풀기다 데아미Rudbeckia fulgida var. deamii와는 대비를 이룬다. 식물체는 곧게 서고 꽃잎은 아래로 처지는 에키나시아는 보다 둥근 형태의 아스테르와 잘 어울린다. 수직적인 청록색 그라스 안드로포곤 게라디Andropogon geradi는 자칫 '평평한' 느낌의 식재가 되는 걸 막아 주고, 다간형 사과나무는 식재에 필수적인 구조와 틀을 더한다. 디자인: 사라 프라이스와 제임스 히치모

6. 올림픽파크에 있는 이 '스텝 초지steppe meadow'의 혼합씨앗은 덥고 건조한 장소에 제격이다. 이 혼합씨앗은 푸른 색조, 분홍색과 보라색이 돋보이도록 색상 균형에 신중을 기했다. 에키움 불가레Echium vulgare의 꽃과 푸른아마Linum perenne, 센토레아 스카비오사Centaurea scabiosa, 긴까락보리풀Hordeum jubatum이 이루는 조화로운 색채의 조합에 식물의 여러 구성 요소가 만들어 내는 형태와 질감의 강한 대비가 더해져 더욱 강렬한 시각적인 즐거움을 선사한다. 혼합씨앗 디자인: 나이절 더닛

투명성

내부적인 질서를 도입하는 유용하고 절묘한 방법으로 투명성transparency이라는 개념이 있다. 투명한 식물은 높이와 구조가 있지만 시야는 트여 있다. 잎 뭉치는 낮게 형성되어 있고, 꽃송이를 마치 분수처럼 뿜어내는 많은 그라스가 이 범주에 속한다. 투명한 식물은 구조 요소처럼 작용할 수 있다. 키가 크지만 속이 다 비치는 식물을 관찰자와 더 가깝게 배치하면 전경과 깊이감을 연출할 수 있다.

투명성은 트렌텀가든의 여러해살이 초지에서 중요한 역할을 한다. 키가 큰 식물을 뒤에, 키가 작은 식물을 앞에 배치하는 전통적인 식재디자인에서는 한 식물을 통해 다른 식물을 보는 것이 불가능하다. 이 사진에서는 키가 큰 버들마편초Verbena bonariensis와 크나우티아 마케도니카Knautia macedonica, 네페타 '돈 투 더스크'Nepeta 'Dawn to Dusk', 샤스타데이지 '베키'Leucanthemum × superbum 'Becky', 우단동자꽃 '알바'Lychnis coronaria 'Alba', 모스카타접시꽃 '알바'Malva moschata 'Alba', 아래로 낮게 들어 오는 햇빛을 받는 좀새풀Deschampsia cespitosa과 스티파 칼라마그로스티스Stipa calamagrostis가 있다.
디자인: 나이절 더닛

영국 켄트주의 시싱허스트성. 풍년화속 *Hamamelis* 식물 아래로 펼쳐진 푸른색 실라 메세니아카 *Scilla messeniaca* 사이로 적은 수의 아네모네 아페니나 *Anemone apennina* 꽃이 피어나 분위기가 더욱 고양된다. 실라 메세니아카로도 충분히 극적일 수 있지만 흰색이 약간 가미되지 않았다면 푸른색이 크게 두드러지지 않았을 것이다.

파동

다란 굴곡을 일으키며 변화할 것이다. 이러한 변화는 미미할 수도 있고, 극단적일 수도 있다. 정원의 역할은 이러한 변화를 조정하여 식생을 '처음 의도한 방향line of travel'과 최대한 가깝게 유지하는 것이다.

앞서 시간 변화에 따른 식재의 시각적 효과를 고려할 때 색채의 파동waves of colour이라는 개념이 기반이 된다고 언급한 적이 있다. 이 부분을 좀 더 생각해 보자. 파동의 물리적 정의는 어떤 공간에 생긴 주기적인 요동oscillation이나 진동vibration이 어느 한 곳의 에너지를 다른 곳으로 전달하는 것이다. 파동은 자연주의 식재를 표현할 수 있는 완벽한 비유로, 끊임없이 앞으로 나아가는 점이나 선 주위의 요동이나 오르내림fluctuation을 의미하지만, 그 선 위의 어느 한 지점에서는 급등하거나 연속적으로 나타나는 효과가 있다. 바비칸의 식재가 바로 이런 원리에 기초했다.

역동적인 자연주의 식재를 관리하는 법

이런 파동의 비유는 1년보다 훨씬 더 긴 기간으로 연장해 적용할 수 있으며, 장기적인 관리 방법을 고려할 때 기본 아이디어로 활용할 수 있다. 시간이 지나며 나타나는 변화와 발전은 이러한 유형의 식재에서 사람들에게 전달하기 가장 어려운 콘셉트 중 하나다. 이는 훨씬 더 정적이며 올해나 내년이나 똑같은 모습으로 식재를 유지하는 표준적인 조경과 정원의 관행과는 매우 다르다.

이 책에서 말하고자 하는 자연주의 식재를 관리하는 방법은 주로 다양성을 유지하는 것, 다시 말해 원하지 않는 종의 우세를 방지하는 것을 말한다. 일반적으로 식재 구역을 그대로 방치하면 시간이 지남에 따라 자연적인 천이 과정, 즉 식물군락의 한 기점으로부터 일정한 방향으로 변화가 일어나고, 천이는 그 식생의 특징과 식물을 완전히 바꿀 것이다. 장기적으로는 다양성 감소를 초래하지만, 단기적으로는 혼합체를 이루는 다양한 종들의 풍성함이 커

1. '설계된 식물군락designed plant communities'에는 자연에서 나타나는 식물군락의 많은 특징이 있다. 자가재생과 자연발아가 이에 속한다. 예를 들어, 바비칸의 스텝 초지에는 수명이 짧은 '팝업' 식물과 자연발아하는 식물이 많다. 이들은 해마다 이리저리 옮겨 다니며 빈틈을 채우고 자취를 감춘다. 이를 유지하는 일은 비교적 간단하다. 하지만 어떤 식물을 없애고 남기고 옮길지 등은 현장에서 빠르게 결정해야 하며, 잡초를 구별하고 인지할 수 있는 능력처럼 상당한 지식과 식견이 요구된다. 이를 위하여 특정 프로젝트 유지·관리 매뉴얼을 개발하고 정원사 교육 행사를 진행한다면 많은 것을 이룰 수 있다.

2. 동적 관리의 개념은 정적 유지 관리와 달리 이해하기 어려울 수 있다. 연간 진행할 표준화된 유지·보수 프로그램뿐만 아니라 식물의 다양성과 특징을 유지할 수 있는 운영 방침을 결정해야 한다. 단지 기존의 연간 계획을 '수정'하는 데에서 끝나는 것이 아니라, 지나치게 경쟁적인 식물 간 균형을 바로잡거나, 사라졌을 수도 있는 일부 요소를 대체하기 위하여 5~10년마다 상당한 작업을 다시 해야 할지도 모른다.

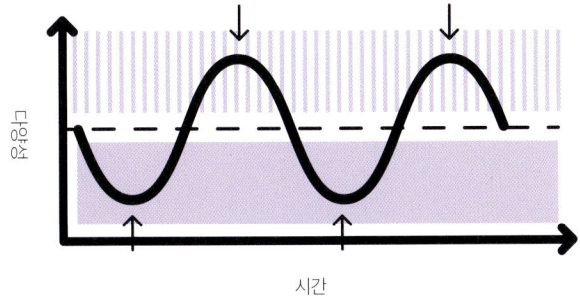

파동의 개념을 이용하여 자연주의 식재를 동적으로 관리할 수 있는 개념적 틀이 어떻게 이루어지는지를 보여 주는 도표. 기대하는 식재 특징과 다양성을 점선으로 나타낸다고 가정해 보자. 검은색 선은 시간에 따라 변화하는 다양성과 특징을 나타낸다. 연보라색 바탕의 영역으로 선이 내려가는 것은 다양성 감소를 의미한다. 예를 들면, 매우 공격적이거나 경쟁력이 강한 한두 종이 식재를 우점하는 것이다. 반대로 선이 위쪽의 세로줄이 쳐진 연보라색 영역으로 올라가는 것은 다양성 증가를 의미한다. 그것은 아마도 잡초의 침입이나 개별 종들의 자연발아 때문일 것이며, 따라서 기대했던 핵심종의 특징이나 탁월함이 어마어마하게 많은 다른 식물종에 가려 흐릿해지고 있음을 말한다. 화살표는 식재를 원하는 방향으로 이끌고 원치 않는 종이 우점하거나 과도한 영향을 끼치면 제거하는 유지·보수의 개입을 나타낸다.

우세하지 않도록 막는 것이다. 왼쪽 도표는 파동 개념을 이용하여 자연주의 식재의 동적 관리를 위한 개념적인 틀을 만드는 방법을 보여 주는 예다.

식재 조절이라는 개념은 상황을 특정 방향으로 유도하기 위한 개입이 핵심인데, 이를 다시 역으로 조절하기 위해서는 더 많은 개입이 필요할 수 있다. 이때 플로FLOW 방식을 이용하고 식재 내부의 다양한 요소를 모두 고려한다면 아름답고 희망적이며 자연과 조화되는 식재를 할 수 있다. 이러한 식재는 화려하고 마음을 어루만지며 풍요롭고 즐거운 경험을 선사할 것이다. 하지만 겉모습이 이야기의 일부분에 불과하듯, 미학은 이것이 지닌 가치의 한 부분일 뿐이다. 다음 장에서는 이러한 유형의 식재가 환경에 미치는 영향이 얼마나 큰지 살펴볼 것이다.

식물군락 접근법을 이용하여 작업할 때 우리는 혼합식재를 사용한다. 혼합식재는 변경하기 쉽고, 개별 종은 공간 내에서 자유롭게 이동할 수도 있다. 그래서 역동적인 것이다. 따라서 우리는 처음부터 식재가 어떻게 발전하기를 원하는지, 그리고 그것을 달성하기 위하여 어떤 작업이 필요한지, 이에 관한 비전을 가져야 한다. 물론 문제는 비전이 무엇이냐는 것이다. 혼합식재에서 실제로 세부적인 균형과 구성은 바뀔 가능성이 높지만, 과연 조성하고자 하는 식생이 원하는 군락의 시각적 '본질essence'을 그대로 유지하고 있을까? 이 부분에서 앵커종 개념이 중요한 역할을 한다. 그 이유는 이미 우리가 어떤 종을 식재의 기반이나 바탕으로 쓸 것인지 결정했으니 이들을 대략 같은 비율로 유지하고 싶다는 욕구가 있을 것이기 때문이다.

일반적으로 우리는 일정 수준의 생태적·시각적 다양성을 유지하는 식재를 목표로 삼는다. 따라서 동적 관리의 주요 목적은 처음 의도한 방향에 따라 식재를 이끌기 위한 개입으로, 다양성과 특징을 유지할 수 있도록 식재를 조정하는 것이다. 다양성 유지는 원치 않거나 반갑지 않은 종이

영국 셰필드의 한 도시 부지, 색을 주제로 한 한해살이 혼합 초지에 흰색 꽃을 피운 아미 *Ammi majus*와 연보라색의 꽃을 피운 비스카리아 오쿨라타 *Viscaria oculata*가 있다. 혼합씨앗 디자인: 나이절 더닛

미래의 자연 Future Nature

인류의 미래는 불확실하다. 세계적인 기후변화, 급격한 도시화, 자원 부족 때문에 매우 어려운 상황에 처할 것이며 비극적인 결과를 맞이할 수도 있다. 이는 어떤 식으로든 우리 모두에게 영향을 미칠 것이다. 사실 우리는 이러한 문제가 가져올 결과를 이미 잘 알고 있다. 심각한 도시 집중호우와 열섬 현상, 대기·수질 오염, 사회·보건 문제가 발생하고 생물 다양성이 사라지며 자연과 단절되는 것이다. 이 모든 문제는 토양이 유실되고, 식생이 파괴되고, 야생동물이 사라진 우리의 마을과 도시에 걷잡을 수 없이 퍼지고 있다. 그 결과 스펀지처럼 과다한 빗물을 흡수해 주고, 도시의 포장면이 과열되는 것을 막아 주며, 오염된 대기와 수질을 정화하고, 인간 생활에 없어서는 안 될 자연과의 교감을 가능하게 해 줄 토양과 식물층이 부족해졌다. 대신 우리 주변에는 열을 흡수하고 반사하며, 빗물을 그냥 흘려보내 생명이 살기에 녹록지 않은 환경인 단단한 콘크리트가 대부분을 차지하고 있다.

지면 대부분을 덮고 있는 단단한 포장면, 토양과 식재의 부재는 극단적이고 종잡을 수 없이 변하는 미래의 기후 문제를 더 심각하게 만든다.

과감한 접근 방식

이러한 방식으로 바라본다면 앞서 말한 여러 문제의 해답은 분명해진다. 바로 토양, 야생동물, 식생을 우리가 사는 도시와 주변에 대대적으로 되돌려 놓는 것이다. 간단한 이야기 같지만, 기존 도심지에 전통적인 '녹지공간greenspace'과 정원을 대규모로 새롭게 조성하는 일에는 한계가 있을 수 있다. 대신 우리는 얼마 전까지만 해도 대중적인 원예의 범위로 다루어지지 않았던 옥상, 벽면, 주차장, 거리, 공업단지나 상업개발지 등을 포함한 모든 공간을 과감히 고려할 필요가 있다.

나는 오랫동안 이 환경 의제가 앞으로 정원과 조경디자인, 특히 식재디자인이 나아갈 가장 흥미로운 길 중 하나라 생각했다. 이러한 기회는 식물과 토양의 상호작용 덕분이다. 사람들이 보고, 이용하고, 즐길 수 있도록 눈에 띄고 접근할 수 있는 곳에서 이런 일이 일어난다면! 그것이 바로 이 책에서 이야기하고 있는 정원·조경·생태·원예가 할 일이다! 하지만 안타깝게도 단지 몇몇을 제외하고는 이러한 상황에 식재디자인의 잠재력이 충분히 활용되지 못하고 있다. 그 이유 중 하나는 조경시설, 정원, 공간의 생태적 기능이 강해야 한다고 여겨지면 그 특징도 마찬가지로 '생태적ecological'이어야 하고, 식재는 자생식물로 한정되어야 한다는 엄청난 압박감이 있기 때문이다. 이러한 사업은 주로 공학자나 생태학자의 영역이라 치부했고, 이들은 식생과 자연을 기반으로 하지만 미학은 상대적으로 중요하지 않게 여겼다.

그러나 여기에는 공원과 정원에 적용하던 기존 방식에서 나아가 흥미로운 식재디자인을 현대 도시 중심부에 있는 새롭고 도전적인 곳까지 확장할 수 있게 해 줄 엄청난 기회가 있다. 원예와 창의적인 생태 디자인의 새로운 가능성과 시장을 열어 줄 수 있는 것이다. 그래서 나는 적극적으로

그린 인프라Green Infrastructure는 도시환경 안에서 토양과 식물 사이를 연결하는 네트워크다(보통 그린 인프라는 공원, 숲, 습지, 그린벨트 등 인간 삶의 질을 높이고 물 순환과 홍수 조절 같은 생태계 서비스를 증진하는 인프라로 정의한다). 사진으로 볼 수 있는 싱가포르 중심가에는 시원한 가로수 그늘 아래로 지나다니는 차들을 볼 수 있다. 지상에는 가로수에 착생식물이 붙어 자라는 '살아 있는 기둥living columns'이 늘어서 있고, 나무 아래에는 바위들이 놓여 있다. 일상적인 환경에서 이러한 삶과 자연의 형태를 포괄적으로 통합하는 것이 '바이오필릭biophilic' 디자인 개념의 핵심이다.

이러한 개념을 더 많은 대중의 상상 속으로 끌어들이고자 영국왕립원예협회가 주최한 첼시플라워쇼의 쇼가든 디자이너로 참여하고 '그리닝 그레이 브리튼Greening Grey Britain' 캠페인의 홍보대사로 활동했다. 점점 더 많은 연구가 이 책의 주제인 다양성, 다층성, 장기성, 저투입, 부지 적합성, 꽃이 풍부한 식물군락 같은 식재 유형이 '자생성native-ness'만 고집하는 것보다 더 큰 이점을 준다는 주장을 뒷받침하고 있다. 이러한 방식으로 우리는 야생동물에 친화적이고, 생물 종이 다양하여 생명이 가득한 환경을 조성할 수 있다.

세상에서 가장 멋지고 아름다운 식재 유형을 디자인해서 환경친화적인 정원과 조경이 주류를 이루도록 만들어 보자. 이런 식재가 흥미로운 이유는 매력적인 모습뿐만 아니라 그 이면에 관심을 끄는 많은 요소가 숨겨져 있기 때문이다. 수분 매개체 지원, 미기후 지면에 접한 대기층의 기후를 의미하며, 보통 지면에서 1.5미터 높이 정도를 대상으로 한다 개선, 대기오염 감소 그리고 너무 많거나 적은 강수량 처리 등 모든 것이 미적인 측면을 뛰어넘는 추가적인 용도를 지니고, 여러 기능을 수행한다. 이러한 기능은 정원이나 경관을 훨씬 더 풍요롭게 만든다. 다기능적 관점의 가장 놀라운 측면 중 하나는 건축과 식물 환경 사이의 구분을 허물고, 모든 것을 전체 체계의 일부로 본다는 것이다. 이러한 점이 가장 잘 드러나는 곳이 거주공간 조경에 존재하는 수水 공간의 활용이다.

중국 충칭重庆에 있는 이 동네 아파트 단지에는 푸른 잎이 우거져 그늘을 만드는 나무들이 건물 사이의 공간을 빈틈없이 채우며 네트워크를 이루고 있다. 옥상은 모두 오락공간인 동시에 먹을거리를 키우는 곳으로 사용되고 있다.

182

물은 지구 환경과 기후변화에 막대한 영향을 미친다. 물이 너무 많아도 악영향을 끼치며 홍수 피해로 이어지고, 반대로 물이 너무 적어도 가뭄이 들면서 극심한 물 부족과 물 사용 제한을 초래한다. 전자의 경우 남은 빗물을 스펀지처럼 흡수할 수 있는 식재 경관을 개발해야 하고, 후자의 경우에는 관개나 관수 없이도 멋져 보이는 새로운 식재 방식을 찾아야 한다.

1. 과거 원예학이나 생태학에서 가치가 없다고 여겨졌던 공간을 우리의 영역으로 가져와야 한다. 미국 오리건주 포틀랜드에 있는 스콧 웨버Scott Weber의 정원인 론스트리트가든Rhone Street Garden의 가로 식재는 아직 실현되지 않은 엄청난 잠재력을 보여 주고 있다.
2. 셰필드의 빗물정원 물 순환water-sensitive 계획은 식재의 다양성과 시각적 흥미만으로 거리를 사람과 야생동물 모두를 위한 공간으로 탈바꿈시켰다. 식재디자인: 나이절 더닛과 셰필드 시의회

빗물정원과
물 순환 디자인

'빗물정원rain garden'이라는 용어 자체도 그렇지만, 그 개념은 더욱 흥미롭고 좋다. 폭우가 쏟아진 후 빗물을 모으고, 정화하고, 저장하고, 천천히 땅으로 다시 스며들게 하는 정원과 조경의 기능을 활용한다는 것이 빗물정원의 개념이다. 이는 기후변화가 일상이 되어 버린 현실에서 매우 시의적절한 개념으로, 순전히 장식적인 공간이라 여겼던 정원을 갑작스러운 홍수 피해를 줄이는 데 기여할 수 있는 공간으로 격상시켰다.

빗물정원은 정원이나 경관에 움푹 파인 곳이나 저지대를 조성하여 일시적으로 물이 차올랐다가 다시 배수되는 형태다. 기존 토양이 배수가 잘된다면 그 자체로 충분할 수 있지만, 토양과 대지의 물 빠짐이나 흡수가 원활하지 않은 경우가 있다. 이런 경우에는 자연 토양 대신 입자가 굵은 용토growing medium, 식물을 기르기 위해 영양원으로 사용하는 매체를 사용하거나 추가적인 배수 처리를 할 수도 있다. 정원이나 경관에서 물이 흐르는 기다란 모양의 시설을 '저습지swales' 또는 '식생수로bioswales'라 한다. 빗물정원과 식생수로를 조성할 때는 똑같은 원리가 적용된다. 영국에서는 정원과 조경으로 하는 빗물 관리를 주로 '지속 가능한 배수 시스템 SuDS'이라는 따분한 용어를 사용한다. 나는 이 공학 용어를 사용하지 않으려 노력하며, 다른 분야에서도 널리 쓰이는 용어인 '물 순환 디자인water-sensitive design'을 훨씬 더 선호한다.

물 순환 디자인은 정원과 조경의 완성을 위한 필수적인 기반이 될 수 있으며, 이를 구현하는 방법에 관한 기술 정보는 많다. 하지만 주목받지 못한 한 가지 요소가 있는데, 바로 식재 그 자체다. 식재야말로 가장 눈에 띄는 부분이며, 토양과 어우러져 이 모든 것이 가능하게 만들어 주기 때문에 생각해 보면 이렇게 주목받지 못한다는 사실이 매우 놀랍다. 그러나 빗물정원 식재는 매우 까다롭다. 식물이 주기적인 침수뿐만 아니라 그사이의 건조한 기간도 견뎌야 하기 때문이다. 과거의 빗물정원은 생태적인 기능을 갖춘 시설이기 때문에 자생식물을 심어야만 온전히 기능할 것이라는 피하기 힘든 고정관념으로 고통받아 왔다. 물론 전혀 사실이 아니지만, 이러한 가정이 실제로 물 순환 디자인의 창의적인 식재를 제한했다.

이제 빗물정원 식재디자인의 엄청난 잠재력을 증명하기 위해 내가 시도했던 사례 몇 가지를 살펴보도록 하겠다. 여기서는 식재디자인을 어떻게 했는지 보여 주는 것이 목적이기 때문에 기술적이고 세세한 부분까지 깊이 설명하지는 않겠다. 나는 빗물정원이나 수로의 낮은 곳에 주로 습한 초지, 습지나 범람원 가장자리에서 자라나는 식물을 많이 사용한다. 반면, 조금 더 높은 곳에는 건조를 어느 정도 견딜 수 있는 초지와 프레리 유형의 튼튼한 식물을 고른다. 조경시설 가장자리 주변은 빗물에 거의 잠기지 않기 때문에 가뭄에 잘 견디는 식물을 심을 수 있다.

나의 앞뜰

수년 전 빗물정원에 관심을 갖게 된 계기가 있었다. 이전에는 삭막하고 회색빛이었을 공간에 아름답고 생물 다양성을 높이는 식재를 도입하는 수단으로 빗물정원을 비롯한 크고 작은 규모의 정원, 조경 시설을 활용할 수 있다는 가능성을 목격했기 때문이다.

나는 이 주제로 2007년에 《빗물정원Rain Gardens》이라는 책을 썼고, 2011년부터 2013년까지 빗물정원 개념을 기반으로 한 첼시플라워쇼 정원을 선보였다. 그리고 새로운 집으로 이사하면서 앞뜰을 빗물정원으로 바꾸어 보기로 결심했다. 하지만 그 모습이 구글에 '빗물정원'을 검색하면 나오는, 잔디에 둘러싸여 있는 비정형적이고 아메바처럼 생긴 정원과는 다른 유형의 빗물정원이기를 바랐다. 생태적 기능을 하는 정원이나 조경 시설에는 항상 이러한 디자인 접근 방식이 뒤따르는 것 같다. 하지만 나는 좀 더 정형화된 방식을 취하여 이러한 개념들이 모든 조건에 효과

시공을 갓 마친 나의 집 앞뜰. 중앙 동선 양옆의 좁고 기다란 영역의 식재는 선형 저습지 역할을 하며, 지붕과 길에서 흘러오는 빗물을 흡수한다. 일부러 직사각형으로 만든 이유는 비정형적이고 유기적인 디자인뿐만 아니라 정형적이고 기하학적인 배치의 생태적인 시설도 똑같은 효과가 있다는 것을 보여 주고 싶었기 때문이다.

가 있다는 것을 보여 주고 싶었다. 무엇보다 빗물정원 디자인의 기반이 될 역동적이고 여러 계절 동안 지속되는 식재의 잠재력을 연구하고자 했다.

원래 집으로부터 경사진 곳에 정원이 있었고, 정문에서부터 이어지는 중앙 동선도 없었다. 나는 메쌓기콘크리트나 모르타르를 사용하지 않고 석재만 이용해 쌓는 공법으로 축대를 쌓아 경사지에 계단식 정원을 만들고, 정문에서 대각선으로 곧은 길을 냈다. 이 중앙 동선은 양옆으로 선형의 저습지와 접해 있다. 모르타르mortar, 시멘트와 모래를 물로 반죽한 것나 줄눈벽돌 등의 석재를 쌓을 때 접합부의 틈이나 이음부 시공을 하지 않아 물이 스며들 수 있는 이 저습지의 주된 목적은 길에 흐르는 빗물뿐만 아니라 지붕에서 흘러나오는 물을 직접 흡수하는 것이다.

빗물홈통을 분리하자!

빗물정원 운동의 구호는 '빗물홈통downpipes을 분리하자!'이다. 빗물을 지붕에서 주요 배수시설로 보내는 대신 그 물을 정원으로 돌리는 것이다. 배수시설로 내보내는 물의 양이 줄어들면 그에 따른 시설 과부하와 하류 범람 위험도 줄어든다는 이론이다. 나는 플라스틱 홈통 두 개를 바닥 부근에서 잘라 버렸다. 그리고 동네 DIY 상점에서 표준 연결구와 일정한 길이의 홈통을 구매하여 정원을 지나 수로 시작부까지 연결했다.

주요 식재는 2014년 봄에 이루어졌다. 식재 개념은 연속적인 층위를 사용하여 봄부터 가을까지 개화가 지속되는 모습을 보여 주고, 겨울에는 줄기와 씨송이로 이루어진 멋진 구조를 만들어 내는 것이었다. 빗물정원과 저습지의 식생은 극심한 건조기와 일정한 주기로 흘러드는 빗물을 처리해야 해서 식재 설계가 쉽지 않다. 또 가장자리가 경사진 특성이 있어 낮은 부분은 비교적 오랫동안 습한 상태가 지속되지만, 높은 부분은 완전히 말라 버릴 수도 있다. 따라서 이러한 조건에 대처하기 위해 식물을 혼합하여 습한 조건에 가장 잘 견디는 식물을 낮은 부분에 배치하는 것이 좋다.

1. 지붕에서 내려오는 수직 홈통을 배수구에서 분리하고, 식생수로로 흘러갈 수 있도록 방향을 돌려 연장했다.
2. 연속적으로 나타나는 역동적인 층이 오랫동안 이어진다. 봄철 갈기동자꽃 '화이트 로빈'*Lychnis flos-cuculi* 'White Robin'과 시베리아붓꽃*Iris sibirica* 재배품종이 이후에 층을 이룰 식물의 잎 사이에서 돋보인다.

한여름에는 한라노루오줌 '푸르푸란즈' *Astilbe chinensis* var. *taquetii* 'Purpurlanze'와 털부처꽃 '치고이너블루트' *Lythrum salicaria* 'Zigeunerblut'의 보라색이 눈길을 사로잡는다.

　나의 정원은 주로 한여름과 초가을에 꽃을 피우며 사중주를 시작한다. 특히 한라노루오줌 '푸르푸란즈'*Astilbe chinensis* var. *taquetii* 'Purpurlanze', 털부처꽃 '치고이너블루트' *Lythrum salicaria* 'Zigeunerblut', 루드베키아 풀기다 데아미*Rudbeckia fulgida* var. *deamii*, 크로코스미아 '조지 데이비슨'*Crocosmia* × *crocosmiiflora* 'George Davison'이 그 주역이며, 다양한 식물이 이를 뒷받침한다. 보랏빛과 금빛의 호화로운 무대가 연출될 때 자생식물인 수키사 프라텐시스*Succisa pratensis*의 부드러운 연보라색 꽃이 굵직한 주연들 사이를 헤치고 나아간다. 좀 더 일찍 꽃이 피는 곰취 '더 로켓'*Ligularia* 'The Rocket'의 쭉 뻗은 꽃차례가 수직으로 솟아오르는 아스틸베의 꽃줄기와 어우러지고, 이어 원추리 '위치드'*Hemerocallis* 'Whichford'의 강렬한 노란색 꽃이 아스틸베의 보라색 꽃을 보완해 준다. 그에 앞서, 더 늦게 꽃을 피울 식물이 펼치고 있는 잎 사이로 흐릿한 라벤더색 이리스 '미세스 로우'*Iris* 'Mrs Rowe'가 꽃대를 올린다.

1. 늦여름과 가을에는 보라색이 흐려지고, 루드베키아 풀기다 데아미의 노란빛 꽃과 크로코스미아 '조지 데이비슨'의 꽃이 피어난다.
2. 늦여름, 길 위로 흐드러진 수키사 프라텐시스는 거리를 거니는 사람들의 다양한 감각을 자극하고 몰입의 경험을 선사한다.

존 루이스 빗물정원

디자인　나이절 더닛

조성　　2015년

존 루이스 빗물정원은 영국 센트럴 런던 최초의 가로변 빗물정원이다. 빅토리아역에서 모퉁이를 돌면 보이는 빅토리아스트리트의 존 루이스 그룹John Lewis Group 본사에 있다. 정원 부지는 건물 입구 바로 앞 도로와 인도에 있으며, 방문자가 쾌적하게 하차할 수 있는 현관 지붕과 인접해 있다. 정원으로 조성되기 전에는 수형이 좋지 않은 나무 두 그루 외에는 모두 포장되고 자갈이 깔려 있었으며, 주변에서 나무와 녹지공간을 찾아보기 정말 힘들었다. 이곳은 녹지가 부족하고 홍수에 취약한 거리 특성상 새로운 빗물정원 조성을 위한 최적의 부지였다. 이 정원은 생물 다양성, 홍수 방지, 인간을 즐겁게 해 줄 녹색 요소를 보강하기에 적합한 부지를 발굴하여 지원하는 그린 인프라 평가 과정green infrastructure audit process의 일환으로 빅토리아업무개선지구 Victoria BID에서 자금을 지원받아 조성되었다.

존 루이스 빗물정원은 '회색을 녹색으로grey to green' 바꾸고 그린 인프라를 추가한 대표적인 예다. 빗물정원 그 자체와 빗물 화분, 최소 관수형 도시 화분 같은 기후변화에 적응하기 위한 몇 가지 조경 사례를 포함하고 있다. 이는 극심한 강우와 가뭄 모두를 고려한 조경이다.

빗물정원의 주요 구역은 그라스와 여러해살이풀이 자연주의적으로 혼합식재되어 유지·관리가 쉬우며 아름답고 오랫동안 시각적 효과가 있다.

빗물정원의 핵심 목표는 생물 다양성 증진이며, 이렇게 조성한 정원에는 도시 대부분을 차지하는 '회색grey' 지역에 수분 매개 곤충을 불러올 꽃 피는 식물이 가득하다. 빗물정원은 바람이 강하고 노출된 전형적인 도시협곡차도를 따라 건물이 줄지어 배치된 구역에 자리하고 있는데, 식물은 이러한 조건에 내성이 있어야만 한다. 이들은 주기적인 습한 조건에도 대처해야 하지만, 센트럴 런던 길가는 건조하고 매우 더운 날씨도 지속될 수 있다. 이러한 곳에 있는 빗물정원은 '습지wetland'가 아니라는 점을 기억해야 한다. 따라서 선정된 식물종들은 광범위한 환경 조건에 내성이 있다. 영국 자생종이 일부 사용되었지만, 다른 곳에서 온 다양한 식물도 있다.

건물을 이용하는 사람들은 빗물정원이 대기업 본사에 걸맞은, 1년 내내 깨끗하고 깔끔한 이미지를 보여 주어야 한다는 점을 중요하게 생각했다. 그래서 정원에는 겨울과 초봄에 향기로운 꽃을 피우는 사르코코카 콘푸사 Sarcococca confusa로 상록성 산울타리를 만들어 자연주의 식재에 질서와 격식을 갖추었다. 식물은 건물 색과 어우러지는 은회색 화강암 자갈이 덮인 곳에 식재되었다. 이 멀칭재는 겨울에는 식재 면을 깨끗하고 깔끔하게 만들어 주는 한편, 생육기에는 식생이 멀칭을 완전히 덮도록 의도되었다. 또 잡초 방제 역할을 하고, 빗물정원에 물이 가득 차면 식재된 지면을 안정적으로 만들어 주기도 한다.

'그린 인프라'의 일환으로 다양한 도심 식재를 추진하는 환경 의제에는 무한한 가능성이 있다. 순전히 장식만을 목적으로 한다면 척박하고 단단하게 포장된 거리를 식물이 풍부한 경관으로 바꾸는 극적인 변화를 시도할 이유가 없다. 하지만 이러한 조경은 국지적 홍수 같은 실제 환경 문제를 해결하는 데 도움이 될 뿐만 아니라, 보기에도 좋고 수분 매개 곤충을 위한 귀중한 자원이 될 수 있는 새로운 식재의 시작을 열어 주었다.

1. 단단하고 물이 스며들지 못했던 이전 부지에는 지나치게 크고 기형적인 나무 두 그루가 있었다.
2. 현관 지붕 기둥 내부의 수직 홈통으로 흐르는 빗물은 한 단 높인 빗물화단으로 먼저 우회한 다음 빗물정원으로 들어와 흘러넘친다.
3. 여러해살이풀과 그라스를 자연주의적으로 혼합한 새로운 식재와 사르코코카 콘푸사 산울타리를 일직선으로 배치하여 매우 도시적인 환경에 질서와 격식을 더했다.
4. 자갈 멀칭은 물의 침투를 돕고, 깔끔한 외관을 만들며, 사진에서 보는 것처럼 늦봄에 잡초 방제 역할을 한다.
5. 식물이 자리 잡기 시작하고(위), 늦여름 무렵에 완전히 채워진다(아래).

런던습지센터 빗물정원

디자인   나이절 더닛
조성   2010년

런던습지센터는 나의 첫 빗물정원 프로젝트였다. 이곳은 집과 건물, 정원이나 주변 조경이 연결된 전체 시스템이 어떻게 작동하는지를 양식화된 방식으로 잘 보여 준다. 개조한 컨테이너는 녹화한 지붕을 받치고 있으며, 건물로 떨어지는 빗물을 가장 먼저 흡수한다. 넘치는 물은 레인 체인rain chain, 배수를 위해 건물이나 지붕 끝에 설치해 빗물이 사슬을 따라 흐르게 한 장치. 장식적인 역할도 하고 흙이 파이는 것도 막아 준다을 통해 지붕에서 저수조로 빠진다. 빗물은 다시 여러 정원 시설과 그 옆으로 넘쳐흐른다. 중간에는 관상용 갈대 화단으로 된 물 정화 구역이 포함되어 있어 이 과정을 거친 물은 점점 깨끗해진다.

정원 곳곳은 내구성이 좋은 재생플라스틱판으로 만든 둥글고 평평한 산책로로 접근할 수 있다. 습한 곳에는 털부처꽃Lythrum salicaria 같은 습지에 자생하는 종과 프리물라 플로린다이Primula florindae 같은 앵초류primulas가 함께 식재되어 있다. 건조한 구역에도 습지의 분위기가 계속되어 직립형 바늘새풀 '칼 푀르스터'Calamagrostis × acutiflora 'Karl Foerster'가 갈대화단 같은 느낌을 준다. 빗물정원 시설 대부분은 물이 땅으로 다시 침투할 수 있도록 방수작업을 하지 않았지만, 가장 낮은 곳은 방수 처리를 하고 무늬갈대Phragmites communis 'Variegata'를 심어 여과층으로 삼았다. 이 단계를 거친 물은 정원에 흐르는 개울로 빠져나간다. 높은 '생물탑Creature Towers'은 오랫동안 변하지 않는 조형 요소다. 이 탑은 폐자재와 야생벌 서식 판을 새 모이통, 둥지 상자 등과 함께 수직으로 쌓아 올린 구조물로, 자원봉사자들이 남은 자재와 부지 전체에서 찾아낸 폐기물로 만들었다.

1. 영국의 습한 초지. 이곳에 자생하는 느릅터리풀Filipendula ulmaria(흰 꽃)과 중부 유럽의 습한 곳에 사는 대왕금불초Inula magnifica(황금빛 꽃)가 함께 어우러져 무성한 모습을 보여 주고 있다.
2. 개울을 가로지르는 징검다리 길은 마치 깊은 물 위를 건너는 듯한 느낌을 주며, 흥미진진한 경험을 선사한다. 실제로 물은 콘크리트 바닥 위로 몇 센티미터 깊이에 불과하며, 개울은 지하에 있는 큰 파이프로 흐른다. 수위는 강우량에 따라 오르내린다.
3. 왼쪽에 보이는 깃도깨비부채 '수페르바'Rodgersia pinnata 'Superba'의 씨송이가 있는 곳이 빗물정원의 첫 단계이며, 고랑을 따라 더 멀리에는 무늬종 갈대류가 있다.
4. 선박 컨테이너를 개조하여 서식처 옥상녹화를 한 정원 파빌리온pavilion으로 향하는 중앙 동선 옆에는 '마른 개울dry stream'이 있다. 이 개울은 파빌리온 지붕에서 흘러내리는 물로 채워지기도 하지만, 비가 오지 않는 보통 때에는 바위가 놀이시설로 이용된다. 파빌리온 측면에는 지상에서 지붕을 볼 수 있는 '잠망경periscope'이 있다.

셰필드 그레이 투 그린 프로젝트

디자인 나이절 더닛과 셰필드시의회

조성 2016년

이 책을 쓸 당시 셰필드의 그레이 투 그린 프로젝트Sheffield grey to green project는 영국에서 가장 큰 물 순환 설계이자 과감한 프로젝트였다. 이 사업에는 도심의 4차선 고속도로를 대중교통 중심의 2차선 도로로 축소한 다음, 확보된 공간을 선형으로 길게 이어진 빗물정원과 식생수로로 만드는 것이 포함되어 있었다. 흥미롭게도 넓은 식재 구역의 주요 목적 중 하나는 새로운 내부 투자와 경제활동을 위한 매우 매력적인 환경을 조성하는 것이었다. 식재는 매우 역동적이고 자연주의적이며, 겨울철에도 관상미를 유지하기 위해 상록성 식물종의 비율이 높은 편이다.

이미 언급했듯이 주로 도심의 물 순환 계획에서 빠져 있는 연결고리는 수준 높은 원예 기술과 흥미롭고 복합적인 식재디자인이다. 토양과 식생의 조합은 물 순환 계획의 모든 것을 가능하게 해 준다. 그중 가장 눈에 띄는 요소가 식재라는 점을 생각하면 이는 정말 놀라운 일이다. 그래서 우리는 조경 표준 식재의 성격과는 내용이 전혀 다른 다양한 식재를 특징으로 하는 계획을 세우기 시작했다.

혼합식재에는 습한 환경을 선호하는 식물부터 매우 건조한 환경을 좋아하는 식물까지 다양한 범위의 생태학적 내성을 가진 식물이 포함되어 있다. 따라서 이 계획은 월별, 계절별 날씨 변화에 매우 탄력적이라 할 수 있다.

이 계획은 무작위 식재 방식을 따랐다(70쪽 참고). 하지만 겨우내 곧게 유지되는 바늘새풀 '칼 푀르스터'의 길고 구불구불한 띠로 그 위에 '질서order'를 한 층 더 추가했다.

나는 거리의 사람들이 매우 도시적이고 예상치 못한 환경 속에서 이러한 자연스러운 계획을 반길지 궁금했다. 일반적으로 사람들에게 익숙한 다양성이 낮고 획일적인 공공 식재와는 전혀 다른 디자인이었기 때문이다. 몇몇 학생들에게 의뢰해 행인을 대상으로 수백 번의 설문조사를 진행한 결과, 응답자의 80퍼센트 이상이 주변 환경과 매우 잘 어울린다고 답할 만큼 압도적으로 긍정적인 반응을 보였다. 실제로 설문에 응한 350명 중 약 60명은 식재를 경험하기 위해 늘 다니던 경로를 바꾸었다고 답했다. 나는 이 프로젝트를 진행하며 진정한 '녹색거리green streets'를 조성해야 하는 중요한 근거를 얻을 수 있었다.

1

1. 빗물정원과 식생수로의 기능을 나타낸 개념도. 도로와 인도에서 흘러나오는 지표수를 모으고, 저장하고, 정화하며, 침투시킨다.
2. 빗물 식생수로를 시공하는 모습.
3. 식생수로의 건조한 가장자리에서 자라는 아르메리아 마리티마 Armeria maritima가 꽃을 피운 모습.

4. 늦여름 식생수로의 모습. 루드베키아 풀기다 데아미 Rudbeckia fulgida var. deamii(노란색 꽃), 가우라 Gaura lindheimeri(흰색 꽃)와 삼각니포피아 Kniphofia triangularis의 꽃이 피어 있다. 빗물은 도로 전체를 따라 식생수로로 흐를 수 있다.
5. 빗물정원 시설에는 흥미로운 식재디자인의 가능성이 있다. 계속해서 인기를 얻고 환영받기 위해서는 눈에 보이는 곳이 매력적이어야 한다. 사진에는 시베리아붓꽃 '트로픽 나이트' Iris sibirica 'Tropic Night'의 꽃이 골풀 Juncus effusus과 좀새풀 Deschampsia cespitosa의 잎 사이로 피어 있다.

늦여름, 좀새풀 씨송이 사이로 크게 덩어리를 이룬 카나비눔등골나물 '플로레 플레노' *Eupatorium cannabinum* 'Flore Pleno'와 그 뒤로 곧게 뻗은 바늘새풀 '칼 푀르스터'가 보인다. 이 풍경이 도심 속 거리라는 사실이 믿기지 않는다.

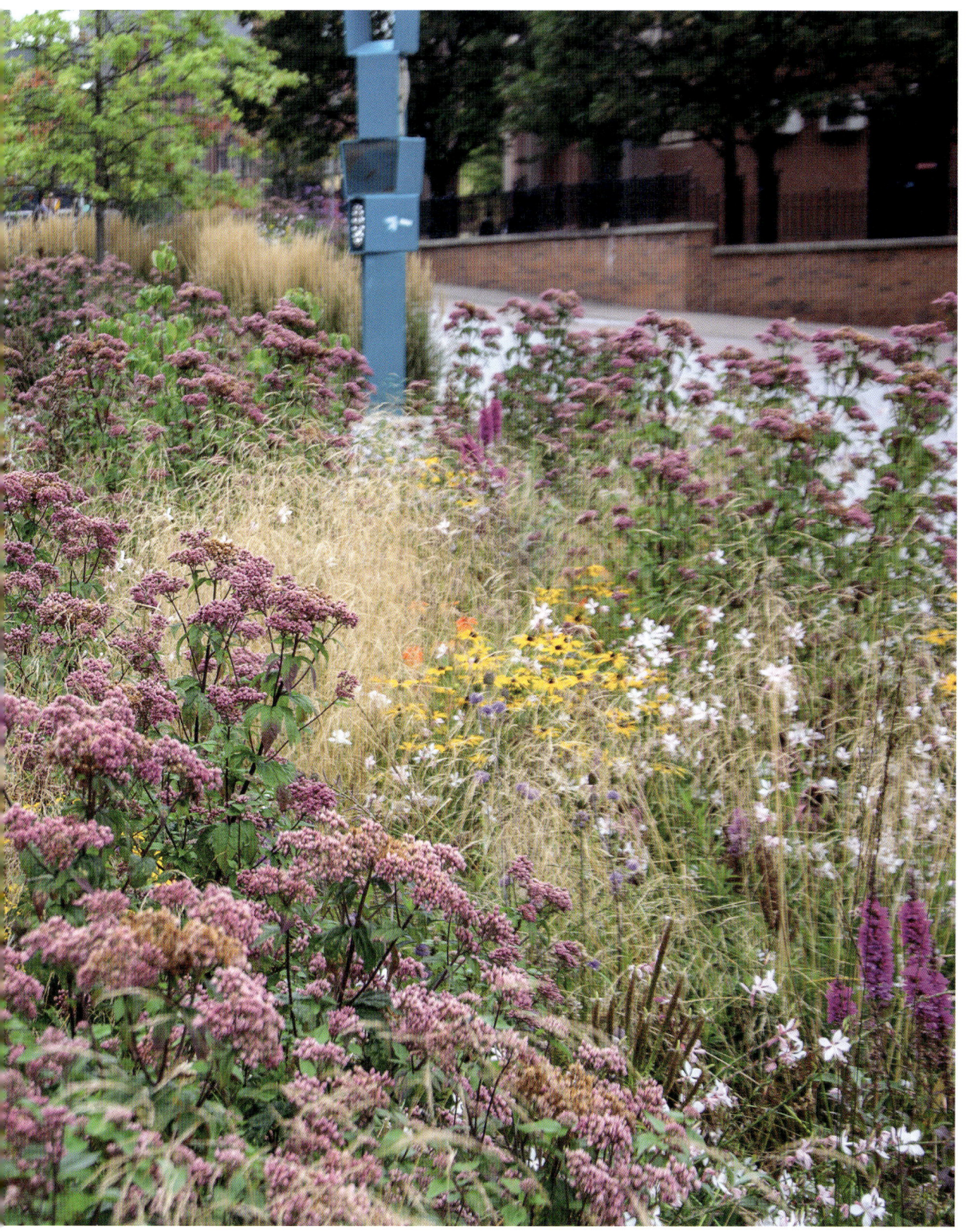

건조 식재:
옥상정원, 지붕녹화, 포디움 조경

물 순환 디자인은 많은 양의 빗물도 처리해야 하지만 매우 적은 양의 빗물에도 대처할 수 있어야 한다. 역설적이지만 연중 이 두 가지 상황에 모두 대응해야 하는 부지가 많다. 물이 식수로 사용되는 경우 식물을 오랫동안 유지·관리하기 위해 관수에 의존하는 식재는 도의적으로 조성하지 말아야 하는데, 실제로 그런 경우가 있다. 물론 빗물을 모아 사용한다면 별문제가 없겠지만 어느 해에 가뭄이 심하게 들었다면 어떻게 될까? 따라서 처음부터 물을 많이 필요로 하지 않는 식재·정원·경관을 만드는 것이 매우 중요하다. 앞으로는 물 사용에 제한이 점점 많아지면서 메마른 정원을 늘 푸르게 유지하기 위해 마음껏 물을 쓰는 일 자체가 불가능할 것이다.

나는 주로 '건조' 식재를 자주 다루는데, 특히 도심에 적용할 때 즐겨 사용한다. 내가 주로 영감을 받는 '스텝'은 덥고 건조한 여름과 추운 겨울이 있는 대륙성 기후에 적응한 식생이다. 나는 초원이자 초지인 스텝의 느슨함과 움직임을 좋아한다. 토심이 조금 더 깊은 곳에는 관목이 자랄 수 있지만, 큰 교목이 자라기에는 열악한 환경이다. 나는 이 경관을 바비칸의 식재 모델로 삼았다. 하지만 세계 어느 곳에 있느냐에 따라 사막이든 지중해 식생이든 시작점으로 삼을 만한 것은 많다.

이러한 식재 유형은 특정 깊이의 토양이나 용토에서만 가능하기 때문에 옥상정원에 특히 적합하다. 그러나 옥상정원은 매우 건조해지기 쉽다. 게다가 여기에 바람과 햇빛 노출까지 심하면 더 어려운 환경이 될 수밖에 없다. 사실, 토양이나 용토가 얕아 자원과 노동력을 적게 들이고 주로 자연에 의존하는 '방임적인extensive' 옥상정원은 대부분 '강건한durable' 유형의 식물을 사용한다.

1. 지붕녹화는 일반적으로 건조한 유형의 식재라 이야기되지만, 싱가포르의 지붕녹화에서 볼 수 있듯이 열대 기후에서도 효과적이다.
2. 호주 멜버른에 있는 이 옥상정원에는 지면에 있는 식물뿐만 아니라 여러 덩굴식물을 이용할 기회가 많다.
3. 밀집된 도심 지역에서 옥상은 공중의 습지와 수역을 조성하는 등 생물 다양성을 높이고 서식처를 늘어나게 해 줄 엄청난 기회를 제공한다.

미래의 자연

로더럼의 무어게이트크로프츠

디자인　나이절 더닛과 로더럼 버러Rotherham Borough 시의회
조성　2004년

무어게이트크로프츠Moorgate Crofts는 내가 제대로 작업한 첫 옥상 테라스 식재를 볼 수 있는 곳이다. 셰필드대학교에서 진행된 대규모 내건성 옥상정원 식재 실험을 거친 식물들을 골라 사용했다. 건물은 비즈니스 창업 센터로, 접근하기 쉽고 눈에 띄는 옥상 테라스가 있다. 지금도 그렇지만 당시에는 일반적으로 지붕녹화와 옥상정원에 사용하는 식물의 범위가 매우 한정적이었고, 옥상정원을 무성하고 푸르게 유지하려면 물을 많이 대야 했다. 무어게이트크로프츠의 식재는 1년 내내 흥미로운 경관 만들기가 목표였고, 겨울에도 깔끔한 모습을 유지하기 위해 석재를 사용했다. 이곳에 사용한 식물은 스텝과 건조한 초지에 자생하는 식물이다. 니포피아속Kniphofia 식물은 예외지만 나의 연구 결과 모두 이러한 환경에서 놀라운 회복력을 보여 주었다.

용토의 두께는 전체적으로 10~20센티미터이고 관개시설은 마련되어 있지 않다. 유지·관리는 단순히 매년 겨울이 끝나갈 무렵 모든 것을 잘라서 제거하는 것뿐이다. 시간이 흘러 봄이 되면 유럽할미꽃Pulsatilla vulgaris과 프리물라 베리스Primula veris가 연출하는 숨 막힐 듯 아름다운 장면과 함께 아주 멋진 꽃이 만발하는 스텝 초원으로 변신한다. 조성 이후 나는 매년 식재를 관찰했고, 이는 훨씬 더 방임적인 바비칸 옥상녹화 작업에 직접적인 영향을 끼쳤다.

관수가 필요 없는 스텝 유형의 건조한 초지 식재. 램스이어Stachys byzantina의 회색 잎 옆에서 시시링키움 스트리아툼Sisyrinchium striatum과 보라색 꽃을 피운 차이브Allium schoenoprasum가 두드러진다.

1. 가뭄에 강한 헬릭토트리콘 셈페르비렌스*Helictotrichon sempervirens*와 자연 발아하여 '솟아오른pop-up' 마네스카비국화쥐손이*Erodium manescavi*의 분홍색 꽃.
2. 초여름, 솔잎대극*Euphorbia cyparissias*의 노란색 꽃과 그 위로 솟아오른 유럽할미꽃*Pulsatilla vulgaris*의 씨송이로 온통 뒤덮였다.
3. 보라색 꽃과 줄기가 아름다운 잔디김의털*Festuca amethystina*과 실레네 우니플로라*Silene uniflora*.
4. 봄의 프리뮬라 베리스.
5. 4월에 만개한 유럽할미꽃.
6. 씨송이가 한창인 가을, 늦게 피는 참취속*Aster* 식물도 보인다.

셰필드의 샤로스쿨

디자인 나이절 더닛과 셰필드시의회
조성   2006년

샤로스쿨Sharrow School의 옥상정원 식재는 완전히 다른 방식으로 접근해 보았다. 새와 곤충의 안식처일 뿐만 아니라 색채와 볼거리로 어린이들의 상상력을 자극하는 구조를 갖춘 도심 속 자연을 만들고자 했다. 나는 정원을 만들기 위해 다양한 기술을 사용했다. 자생종 외에도 다양한 한해살이·여러해살이 초지 식물을 직접 파종하거나, 여러해살이풀을 드문드문 심고 그 주변에 파종하거나, 내가 원하는 대로 미리 재배한 옥상녹화용 뗏장roof turf, 흙이 붙어 있는 상태로 뿌리째 떠낸 잔디의 조각으로 지붕녹화를 하거나, 식물이 자연스럽게 들어와 정착하도록 일부 구역을 비워 두는 등의 작업을 했다. 정원은 도시에서 나타나는 아름다운 팝업 식물인 우단담배풀속Verbascum 식물, 자주해란초Linaria purpurea와 켄트란투스 루베르Centranthus ruber로 빠르게 채워졌다.

1. 초여름, 차이브 *Allium schoenoprasum*의 보라색 꽃과 주황조밥나물 *Hieracium aurantiacum*의 꽃이 아름답게 어우러진 건조 혼합 초지.
2. 학교 옥상에 완성된 '도심 자연 urban wilderness'.
3. 가뭄에 강하며 노란 꽃을 피우는 다이어스캐모마일 *Anthemis tinctoria*.
4. 늦봄의 차이브 군락. 차이브는 건조하고 습한 조건에서 모두 잘 자란다.
5. 지붕의 일부는 자주해란초 같은 도심 식물종이 스스로 번지도록 유도하기 위해 남겨 두었고(위), 다른 곳에는 한해살이풀인 끈끈이대나물 *Silene armeria*이 포함된 픽토리얼 메도 혼합씨앗을 사용했다(아래).

셰필드대학교 캠퍼스의 가든오브풀드탤런츠

설계   나이절 더닛과 브로드벤트스튜디오Broadbent Studio
조성   2016년

이 부분은 주로 옥상정원에 관한 내용이지만, 모든 원칙은 지상의 건조한 장소에서도 똑같이 적용된다는 점을 강조하고 싶다. 관수가 필요 없는 흥미로운 옥상정원 식재 방식으로 건조한 공간을 채우는 일에는 엄청난 잠재력이 있다. 가든오브풀드탤런츠Garden of Pooled Talents가 바로 그러한 사례다. 밑에는 콘크리트 층이 있고 지상에는 단을 높인 포디움podium 조경으로, 도시에서 흔히 볼 수 있다. 우리는 용토를 쌓아 올려 물결치는 지형을 만들었다. 여기에는 전형적인 용토가 사용되었다. 배수가 잘되는 굵은 입자인 팽창점토과립expanded clay granules과 벽돌 조각이 70퍼센트, 보습을 위한 퇴비 20퍼센트, 구조를 잡기 위해 가늘고 고운 모래 10퍼센트로 구성했고, 관수는 하지 않았다.

1. 정원에는 거대한 숟가락 모양의 아연도금 금속 조각상이 있다. 이는 대학에서 일어나는 학문의 창의적 혼합을 상징한다. 늦여름, 푸른빛 꽃을 피우는 아스테르 프리카르티 '묀히'*Aster x frikartii* 'Mönch'와 페로브스키아 '블루 스파이어'*Perovskia* 'Blue Spire' 사이에서 니포피아 '그린 제이드'*Kniphofia* 'Green Jade'가 꽃을 피우고 있다.
2. 헬릭토트리콘 셈페르비렌스*Helictotrichon sempervirens*. 지상에 있지만 옥상 정원의 모든 기술을 적용하여 다양하면서도 관수가 필요하지 않은 경관을 조성했다.
3. 늦여름, 스텝 식물인 카르투시아노룸패랭이꽃*Dianthus carthusianorum*의 밝은 진홍색 꽃 사이로 보이는 씨송이들.
4. 토심이 더 깊은 곳에는 키가 큰 구조식물을 식재했다. 정원에서 다소 그늘진 곳에는 곧게 뻗은 그라스인 바늘새풀 '오워담'*Calamagrostis x acutiflora* 'Overdam'과 하얀 꽃을 피우는 새매발톱꽃 '니베아'*Aquilegia vulgaris* 'Nivea'를 함께 사용했다.

사례 연구:
바비칸 비치가든

디자인 나이절 더닛
조성 2015년 봄
의뢰인 런던시의회와 바비칸 사유지 사무소

바비칸은 유럽에서 가장 큰 문화·예술 행사와 콘퍼런스가 열리는 곳이며, 4000명이 거주하는 영국 런던의 주거단지다. 이곳은 세계적으로 유명한 브루탈리스트 건축brutalist architecture, 1950년대에 영국에서 등장하여 1970년대 이후로도 유럽을 중심으로 성행했던 모더니즘 건축양식의 상징으로, 주로 1970년대에 새로운 도시 마을에 대한 유토피아적 관점이 반영된 곳이다. 주민들은 런던 중심부의 상점과 최고급 문화시설을 문앞에서 바로 누릴 수 있으며, 모든 차량·도로·주차장이 지하에 있어 자동차가 전혀 다니지 않기 때문에 탁 트인 공간과 광장, 정원을 온전히 즐길 수 있다. 빽빽하게 개발된 도시 대부분의 개방 공간이 그렇듯, 바비칸의 정원·안뜰·수 공간은 지면에 단단히 자리를 잡은 것처럼 보이지만 사실은 옥상정원, '포디움 조경podium landscapes', '구조물 위의 조경landscapes above structure'이다. 2015년에 바비칸 포디움의 일부를 다시 방수 처리해야 했던 일이 있었는데, 이 일로 옥상정원의 가능성과 이러한 공간을 어떻게 지속 가능하고 생태적으로 가치 있게 만들 수 있을지 다시 생각해 보는 흥미로운 기회를 가질 수 있었다.

기존 식재는 흔히 볼 수 있는 큰 교목, 관목, 잔디, 계절화단 식물로 이루어진 매우 전형적인 식재였다. 푸르게 우거지기는 했지만 주로 식수에 사용되는 자동 관개시설로 유지되었다. 이곳의 운영 당국인 런던시의회가 새로운 계획에서 가장 중요하게 고려한 사항은 미래에 가뭄으로 물 부족과 사용 제한이 일어날 가능성 등을 염두에 두고 기존의 관개시설에 의존하지 않는 것이었다. 그렇기에 바비칸

비치가든은 기후변화에 적응한 조경의 선구적인 사례라 할 수 있다.

경관의 성격이 급격하게 달라질 것이었기 때문에 우리는 이러한 변화에 관해 많은 일반 시민·주민과 협의를 거쳤다. 이때 주로 세 가지 문제가 반복해서 나타났다. 사람들은 기존에 있었던 큰 나무를 베어 내는 것, 계절별로 연중 즐길 수 있는 한해살이풀 화단이 사라지는 것, 겨울에 보기 싫게 변하는 시든 여러해살이풀 식재 경관을 걱정했다. 처음에는 이러한 문제를 극복할 수 있을지 의문이었다. 요구사항대로라면 기존의 큰 나무를 교체할 수가 없었고, 계절별로 엄청난 양의 한해살이풀을 집중 식재하는 일은 새로운 계획이 추구하는 정신을 거스르는 것이었다.

1. 봄에는 베어 낸 그라스와 여러해살이풀 사이로 키가 작은 재배품종인 유포르비아 카라키아스 '험프티 덤프티'*Euphorbia characias* 'Humpty Dumpty'의 둥근 형태가 눈에 띈다. 봄철에 하나의 층을 이루는 붉은 툴리파 프라이스탄스 '퓨절리어'*Tulipa praestans* 'Fusilier'가 녹색 배경과 대비되어 강렬하게 시선을 사로잡는다.
2. '3의 힘' 원칙에 따라 식물을 선정해 한 번에 두세 가지 식물이 전 영역에 걸쳐 시각적 장면을 만들 수 있도록 혼합식재했다. 이 사진은 다층 식재로, 다간형 준베리*Amelanchier lamarckii*와 벚나무 '선셋 불러바드'*Prunus* 'Sunset Boulevard'가 초본층 위에서 꽃을 피우고 있는 모습이다.
3. 자연주의 식재와 매우 건축적이고 도시적인 구조물 사이에는 강력하고 보완적인 시너지 효과가 있다.

그러나 논의가 이어지면서 사람들이 나무에 애착을 갖는 큰 이유가 나무에 날아드는 새 때문이라는 사실을 알게 되었다. 주민들은 새를 보고 새소리를 듣는 것을 좋아했던 것이다. 나는 새로운 식재가 훨씬 많은 무척추동물과 수분 매개 곤충의 서식을 도와 야생동물들에게 더 좋을 것이라고 말해 주었다. 실제로 지금은 둥지를 트는 새들이 정원으로 돌아왔다. 또 논의를 진행하면서 화려한 한해살이풀 화단을 선호하는 이유도 주변 도시환경의 밝은 색채와 관련이 있다는 사실이 밝혀졌다. 나는 새로운 계획에서는 더 넓은 곳이 더욱 다채로워질 것이라고 설명했다. 마지막으로 여러해살이풀 식재가 겨울에는 다소 칙칙하고 죽은 것처럼 보인다는 부정적인 인식은 상록성 그라스와 여러해살이풀을 많이 사용해 해결했다. 현재 이 식물들은 1년 내내 바비칸 식재의 특징이 되었다.

주민들과 협의했던 이 모든 것에서 귀중한 교훈을 하나 얻었다. 모든 것을 보이는 그대로 받아들이기보다 그 이면에 숨겨진 진정한 문제를 파악해야 한다는 사실이다. 주민들이 겨울철 정원의 모습을 우려했기 때문에 최종 계획이 크게 개선될 수 있었다. 그리고 이때부터 나의 작업 방식도 달라졌다.

전형적인 도시경관에서 벗어나야 한다는 과제는 함께한 모든 이에게도 매우 어려웠다. 단일종 지피식물을 넓게 무리 지어 심고, 깔끔하게 관리된 잔디밭과 식물 사이는 악착같이 맨땅으로 두는 전형적인 시청공무원식 경관에서 벗어나, 잔디밭이나 맨땅이 없고, 매우 다양한 식물을 심으며, 역동적이고도 자생적인스스로 유지되는 특징을 장려하는 고도의 자연주의 식재로 옮겨 가는 일은 모든 관련자에게 엄청난 도전이었다. 디자인의 출발점은 햇빛·그늘·그림자 분석이었다. 그 결과 트여 있으며 햇빛이 닿아 양지인 곳, 하루 중 일정 시간 동안 그늘지는 곳, 대부분 그늘지는 곳으로 이렇게 주요 식재 구역을 세 가지로 구분할 수 있었다. 조성할 수 있는 용토의 깊이도 결정적인 요인이었다. 부지 대부분은 여러해살이풀과 그라스에 적합한 30~35센티미터의 토심까지 확보할 수 있었지만, 일부는 나무와 관목을 심을 수 있는 깊이도 있었다. 식재 배지는 배수가 잘되는 일반적인 옥상 녹화용 용토를 사용했다.

바비칸의 옥상녹화 시스템을 어떤 식으로 준비해 만들었는지, 그 전형적인 모습을 보여 주는 단면. 골재가 바탕이 되어 매우 척박한 기반층은 유기물이 10퍼센트 미만일 정도로 거의 없는 용토다. 기반층 위로는 식물이 더 잘 자랄 수 있도록 용토를 사용했으며, 유기물이 20퍼센트 정도 더 많다. 구조적으로 하부 지지대가 있어 교목도 심을 수 있는 곳의 생육 배지 깊이는 최대 90센티미터까지도 가능하지만, 일반적으로는 20~30센티미터 정도로 한다.

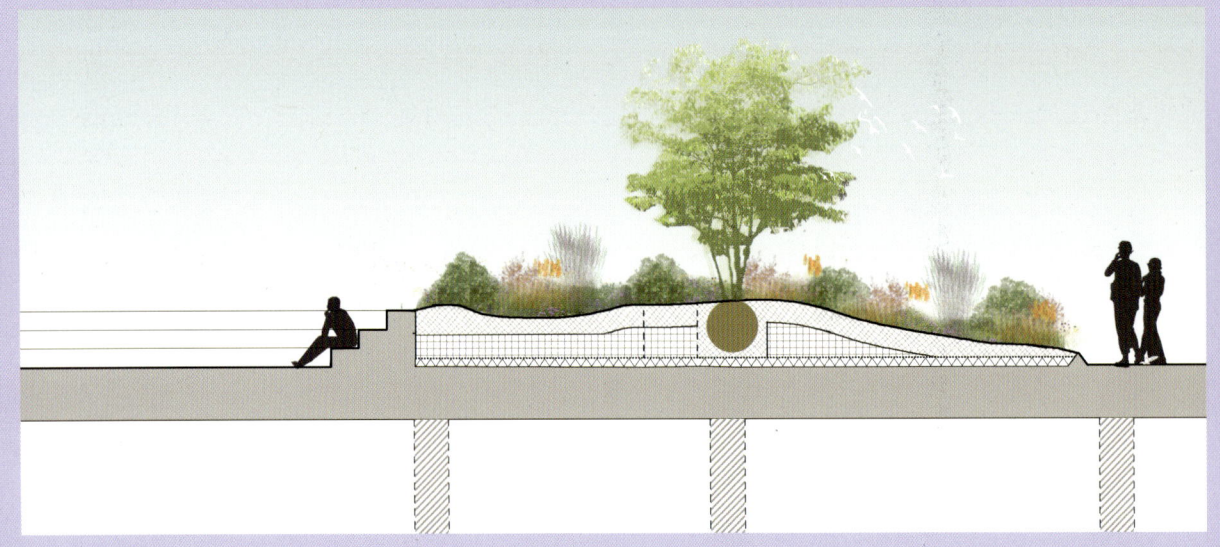

미기후 분석과 용토의 깊이는 모두 수분가용성과 연관이 있고, 식재 계획을 할 때 식물 선택의 요인이 된다.

붉은색 = 음지(온종일 그늘), 푸른색 = 반음지(하루 중 대부분 그늘), 보라색 = 반양지·반음지, 연보라색 = 양지(온종일 햇빛)

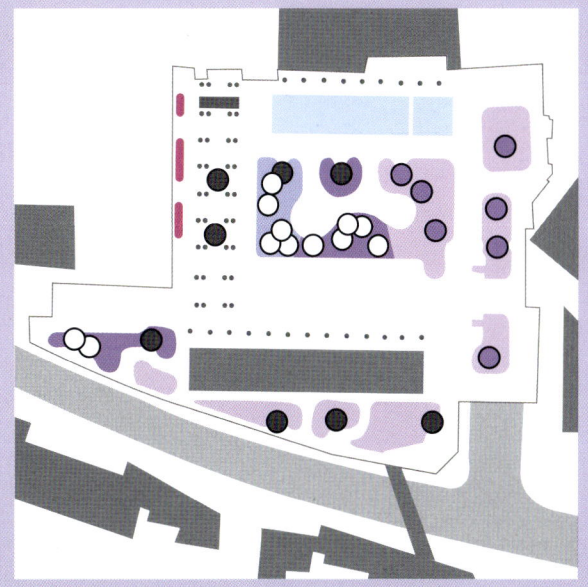

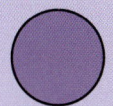 키가 작고 줄기가 많은 나무: 자크몽자작나무 Betula utilis var. jacquemontii와 벚나무 '선셋 불러바드' Prunus 'Sunset Boulevard'

 준베리 Amelanchier lamarckii(다간형)

 리베르티아 포르모사 Libertia formosa(7그룹)

 터키세이지 Phlomis russeliana(7그룹)

 참억새 '운디네' Miscanthus sinensis 'Undine'(3그룹)

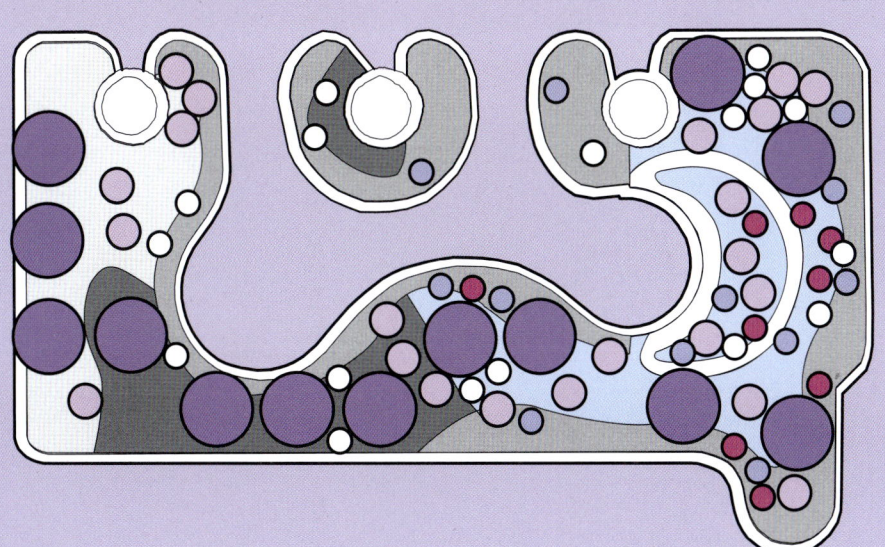

바비칸 비치가든의 식재 구상도. 이 계획은 용토의 깊이와 양지·음지에 따라 네 가지 다른 혼합식재로 구성했다. 교목과 관목은 건물을 구조적으로 받쳐 주는 기둥을 따라 그어진 선과 격자 위에 하나씩 배치했다. 또 다른 층은 느슨한 자연주의 식재에 구조적인 '질서order'를 더한다. 단일 식재 구역은 구조가 돋보이는 여러해살이풀과 그라스로 구성했다.

1. 이 화단에는 두 종류의 다른 혼합식재를 사용했고, 그 경계를 스프레이 페인트로 표시했다. 가장 먼저 배치한 식물은 다간형 자작나무다.
2. 앵커종을 가장 먼저 배치했다. 그라스 세슬레리아 니티다 *Sesleria nitida*는 두 가지 혼합식재에서 모두 나타나는 '교차cross-over'종이자 매트릭스종이다. 패턴을 명확하게 볼 수 있도록 전체 구역을 한 번에 한 종씩 식재했다. 이 방법은 일반적으로 세 개체로 된 그룹 하나와 주변종 하나가 있는 무게 중심COG의 원리를 따랐다.
3. 또 다른 화단에는 매트릭스 앵커종인 그라스 세슬레리아 니티다와 프레임워크 앵커종인 유포르비아 카라키아스 울페니 *Euphorbia characias* ssp. *wulfenii* 가 있다.
4. 앵커종 주변으로 위성종을 한 종씩 추가하면 무게 중심 원리에 따라 그룹이 구성된다. 나머지 공간은 틈이 남지 않을 때까지 유랑종들로 채워진다.
5. 식재가 완성된 구역.
6. 유포르비아 폴리크로마 *Euphorbia polychroma*와 유포르비아 카라키아스 울페니의 연두색 꽃 사이에 툴리파 프라이스탄스 '퓨절리어' *Tulipa praestans* 'Fusilier'의 붉은 꽃이 피어 있다.

6

한여름의 비치가든. 꽃톱풀 '테라코타'*Achillea* 'Terracotta', 흰색 꽃을 피우는 우단동자꽃 '알바' *Lychnis coronaria* 'Alba', 보라색 꽃을 피우는 살비아 네모로사 '카라도나' *Salvia nemorosa* 'Caradonna' 그리고 붉은색 꽃을 피우는 키가 큰 크로코스미아 '루시퍼' *Crocosmia* 'Lucifer'가 있다.

따라서 새로운 계획의 기준점은 생태학적으로 동일한 자연의 식물군락인 스텝이었다. 스텝 초원은 토심이 얕으며, 여름에는 매우 덥고 건조하고, 겨울은 추운 대륙성 기후가 나타난다. 새로운 계획은 이런 스텝에 나타나는 매우 다양한 그라스, 알뿌리식물, 꽃 피는 식물을 포함하고 있다. 바비칸에서는 세 가지의 주요 식재 유형이 사용되었다. ① 스텝 초지: 토심이 비교적 얕고 양지인 곳으로, 알뿌리식물·여러해살이풀·그라스만으로 구성된다. ② 관목-스텝shrub-steppe: 토심이 비교적 깊어 목본식물도 심을 수 있지만, 여러해살이풀과 그라스를 혼합식재했다. ③ 소림과 그 가장자리: 그늘지고 시원한 곳이다. 그늘져 어두운 곳이 밝아지도록 흰 꽃을 많이 심었다.

디자인 콘셉트는 연속적인 '색채의 파동waves of colour' 만들기였다. 그라스와 구조적인 여러해살이풀이 만드는 상록성 매트릭스 안에서 먼저 꽃이 핀 식물 위로 새로운 층이 계속 생겨나며, 봄부터 가을까지 부지 전체에 색이 흘러넘치는 것이다. 이 층들은 한 번에 두세 개의 핵심 종으로 구성되어 있다. 큰 규모에서는 전체 영역에 반복되며 극적인 경관을 보여 주고, 작은 규모에서는 혼합과 조합의 조화로 시각적 즐거움을 선사한다. 앵커식물들의 촘촘한 구조적 틀이 이 모든 것을 하나로 묶어 끊임없이 변화하는 장면을 연출한다.

유지·관리는 항상 아름다운 모습을 유지하기 위한 연속적인 작업으로 구성된다. 겨울에는 가능한 한 씨송이와 여러해살이풀의 잔해를 남겨 놓는다. 하지만 여름부터는 언제든 어느 한 종이 지저분해 보이면 부지 전체에 걸쳐 모두 베어 낸다. 이런 식으로 식재는 가을과 겨울을 지나며 점차 솎아지고 점점 트이게 된다. 이것이 역동적인 식재이며 얼마간은 스스로 잘 유지가 될 것이다. 자연발아를 장려하기 때문에 필연적으로 몇몇 종은 다른 종보다 더 번성한다. 관리는 설계 의도대로 식재를 이끌어 가는 일로, 관리 계획과 훈련이 반드시 필요하다.

한 해의 개화는 툴리파 투르케스타니카Tulipa turkestanica, 툴리파 프라이스탄스Tulipa praestans 같은 알뿌리식물, 프리물라 베리스Primula veris와 유럽할미꽃Pulsatilla vulgaris같이 낮게 자라는 건조한 초지나 스텝의 여러해살이풀로 뒤엉켜 만들어지는 봄의 층위로부터 시작된다.

전반적으로 이 새로운 계획 때문에 물 사용량이 70퍼센트 감소했다. 하지만 매우 건조한 시기에는 직접 관수 작업을 하기도 한다. 식재는 이전보다 훨씬 복잡해졌지만, 유지·관리에 소요되는 총 시간은 증가하지 않았다. 약 20여 명의 주민이 모여 만든 새로운 정원 가꾸기 모임은 매주 금요일 아침에 전문 정원가의 유지·관리 일과를 돕는다. 또한 담당 인력만으로는 할 수 없는 '정원공예garden craft'같이 더 세세한 부분을 맡기도 한다. 예를 들어 자연발아하여 자란 어린 식물을 옮겨 심거나 필요할 때 세밀하게 잡초를 뽑는 일 등이 있다. 공동체가 스스로 자신의 공간 관리에 참여하게 하는 것이 이상적이지만 쉬운 일은 아니다. 바비칸의 인상적이고 다채로운 식재는 사람들에게 식물을 보살피고 싶은 마음을 불러일으켰다. 과거에는 정원이 아닌 건축물을 촬영하려고 오는 사람이 많았는데 이제는 오로지 정원 사진을 찍기 위해 방문한다는 것이 가장 눈에 띄는 변화다!

1. 속단속Phlomis 식물, 유포르비아 카라키아스 울페니Euphorbia characias ssp. wulfenii, 살비아 네모로사 '카라도나'Salvia nemorosa 'Caradonna'가 있는 띠무리.
2. 기후에 적응한 탄력적인 식재. 자동 관수를 하지 않은 어느 건조한 여름의 끝자락, 가뭄에 강한 식물의 회색과 푸른색 잎이 매우 돋보인다. 강철 같은 푸른빛 꽃을 가진 공절굿대 '비치스 블루'Echinops ritro 'Veitch's Blue'와 부드러운 푸른빛 꽃을 피우는 러시안세이지Perovskia atriplicifolia가 보인다.
3. 한여름, 니포피아 '토니 킹'Kniphofia 'Tawny King'과 꽃톱풀 '테라코타'Achillea 'Terracotta'.

4. 스텝 그라스인 세슬레리아 니티다*Sesleria nitida*와 헬릭토트리콘 셈페르비렌스*Helictotrichon sempervirens* 사이에서 진홍색 꽃을 피운 크나우티아 마케도니카*Knautia macedonica*와 부추속*Alliums* 식물.
5. 늦여름, 스텝 초지의 아스테르 아멜루스*Aster amellus*.
6. 늦여름, 오리가눔 라이비가툼 '헤렌하우젠'*Oreganum laevigatum* 'Herrenhausen'.
7. 늦여름, 4번 사진과 같은 식재지만 씨송이가 두드러지는 모습.
8. 봄에 흰색 꽃을 피우는 채진목속*Amelanchier* 식물과 선명한 포엽이 있는 유포르비아 카라키아스 울페니*Euphorbia characias* ssp. *wulfenii*의 조합은 바비칸을 대표하는 식재 특징이다.
9. 가을부터 겨울까지, 참억새 '운디네'*Miscanthus sinensis* 'Undine'의 단일 식재 그룹이 느슨한 자연주의 식재에 질서와 구조를 만들어 주며, 둥근 모양의 상록성 유포르비아 카라키아스 울페니와 극적인 대조를 이룬다.

1

2

3. 식재는 한 해에 걸쳐 이어지는 분출 또는 '색채의 파동waves of colour'을 기반으로 한다. 살비아 네모로사 '카라도나'Salvia nemorosa 'Caradonna'와 보라색 꽃을 피우는 부추속 식물은 옅은 노란색 꽃을 피우는 시시링키움 스트리아툼 Sisyrinchium striatum 띠무리와 함께 그라스 매트릭스 사이로 솟아오른다. 또 오리엔탈양귀비 '골리앗'Papaver orientale 'Goliath'의 선명한 붉은빛 꽃은 정원 전체에 활력을 불어넣는다. 식재 구역과 앉을 자리 사이의 통로는 사람들에게 깊이 몰입되는 경험을 선사한다.

1. 바비칸은 중요한 브루탈리스트 건축의 대표 사례다. 자연주의 식재는 건축적 맥락과 함께 강력한 시너지 효과를 발휘한다. 건축은 식재의 자연스러움으로부터 얻는 이익이 있고, 식재는 주위의 경직된 분위기를 보완해 사실상 서로에게 득이 된다. 방문객들은 모두 이곳을 "도시 한복판이지만 야생화 초지 한가운데에 있는 것 같다"고 평가했다.
2. 혼합식재의 일부분은 초기 효과를 위해 수명이 짧지만 개화가 빠르거나 자연발아하는 식물을 일정 비율 함께 섞었다. 하지만 해를 거듭하면서 식재가 성숙하고 종자가 발아할 만한 틈이 메워지면 점점 눈에 띄지 않을 것이다.

생명의 그물망

지금까지 우리는 오로지 식물과 식재에만 집중해 왔다. 물론 알다시피 식생은 정원에 있는 다른 생명체들을 위해 꿀·꽃가루·씨앗·잎을 식량으로 내준다. 그래서 '미래 자연Future Nature'의 중요한 요소는 우리가 어떻게 더 넓은 생물 다양성, 즉 '생명의 그물망web of life'을 위해 이바지할 수 있는지와 관련이 있다. 나는 가능한 곳은 어디건, 다른 생명체가 살 수 있도록 멋진 구조물생물탑 같은을 식재에 추가하여 직접적인 먹을거리뿐만 아니라, 특히 무척추동물의 은신처를 만들어 주는 일을 좋아한다. 나는 1990년대에 네덜란드 자연정원에서 이러한 노력이 널리 행해지는 것을 보고 나만의 버전을 만들기로 결심했다. 내가 영국에서 보았던 작은 벌과 곤충을 위한 호텔 구조와 비교했을 때, 이 네덜란드 사례에서 특히 인상 깊었던 점은 규모였다. 네덜란드의 사례들은 그 자체로 작품이었다. 만약 예술작품과 조각을 정원이나 식재에 설치한다면, 이곳의 정신을 모두 모아 다기능적인 작품을 만드는 것도 나쁘지 않을 거라는 생각이 들었다.

1. 여름이 끝나갈 때쯤에는 통나무 더미 대부분이 주위에 자라난 식물에 묻혀 거의 가려진다.
2. 이른 봄, 지면까지 잘린 여러해살이풀그라스와 통나무 더미. 조금씩 부패하는 통나무 더미 위에 매년 새로운 통나무를 더해 모양을 유지한다. 오래된 것과 새것의 혼합은 그 자체로 매력적이다.

나의 정원

가파르게 경사진 나의 정원에서는 통나무 더미를 '물결치는 형태wave-form'로 쌓아 식재 구역을 나누었다. 이것은 질서의 요소로 꼭 필요하다. 일반적으로 정원이나 외부공간으로 사용할 목적으로 경사면을 평평하게 다듬어 석축을 쌓을 때 등고선을 따르지만, 나의 통나무 담은 등고선과 수직으로 경사면을 따라 아래 위로 물결치는 형태를 만든다. 이런 점에서 주변 들판을 분리하고 있는 돌담의 모양을 본떴다고도 할 수 있는데, 이런 담들의 단면도 평평하지 않고 곡선을 이룬다.

물론 통나무는 점점 썩어 가고, 벽은 내려앉는다. 이것을 과정의 일부로 볼 수 있으며, 그 자체로도 멋지다. 하지만 나는 모양이 잘 유지되는 것을 좋아하기 때문에 물결 형태가 변하지 않게 겨울마다 그 위로 통나무를 더 쌓아 올린다. 이러한 통나무 더미들은 무척추동물에게 많은 서식처를 제공할 뿐만 아니라, 점차 양치식물과 디기탈리스 Digitalis purpurea처럼 자연발아하는 식물에게도 자리를 내준다. 또 가을에는 통나무에 꽃처럼 돋아나는 새로운 곰팡이 '식물군flora'을 키워 내기도 한다.

3. 봄에는 여러해살이풀과 그라스에서 새로 돋아나는 파릇파릇한 잎사귀와 디기탈리스의 곧은 꽃이삭이 두드러진다.
4. 여름의 생기. 캄파눌라 락티플로라 '로든 애나'Campanula lactiflora 'Loddon Anna', 그 뒤로 탈릭트룸 '엘린'Thalictrum 'Elin', 앞에는 유포르비아 카라키아스 울페니Euphorbia characias ssp. wulfenii의 포엽 그리고 그라스 좀새풀Deschampsia cespitosa의 꽃이 있다.
5. 10월, 좀새풀의 씨송이가 루드베키아 풀기다 데아미Rudbeckia fulgida var. deamii의 꽃과 씨송이와 함께 섞여 있다.
6. 겨울에 눈이 얕게 쌓인 모습.

통나무 더미로 만든 다섯 개의 담은 각기 다른 물결 모양으로 겹겹이 놓여 있다. 그 사이를 지나다니면 매력적이고 변화무쌍한 형태의 상호작용을 경험할 수 있다.

1. 영국왕립원예협회가 후원한 나의 2017년 첼시플라워쇼가든. 곧은 기둥에 여러 층을 만들어 다양한 무척추동물이 서식할 수 있는 소재를 채운 수직 '생물탑'과 다양한 다층 식재를 선보였다.

2. 2016년 영국왕립원예협회 햄튼코트플라워쇼가든Hampton Court Flower Show Garden에서는 새집이 있는 '생물탑'을 선보였다. 나무에 뚫린 구멍들은 대규모 집단생활을 하지 않는 벌에게 안성맞춤이다. 벌은 뛰어난 수분 매개체이고, 주변 식물들은 이 벌들에게 꽃가루를 내준다.

3. 나의 2013년 첼시플라워쇼가든. 파빌리온에는 '다양한 생물'이 서식할 수 있도록 식물을 심은 지붕과 빗물이 그 밑의 빗물정원까지 흘러내리도록 유도하는 레인 체인이 있다. 벽면에는 무척추동물이 집을 짓고 은신할 곳이 가득한 둥근 모양의 '서식처 판habitat panels'으로 된 '생명의 나무tree of life'라는 작품이 있다.

재배 지침Cultivation Guidelines

이 책에 기술한 식재디자인 접근법에는 실험의 가능성이 무한히 열려 있다. 이상적인 식물조합이란 없다는 것이 묘미다. 사실 지난 수십 년 동안 특정 공식 같은 자연주의 식재 접근 방식이 계속 이어져 왔다. 같은 종류의 식물이 같은 조합으로 사용되었고, 전문 농장 대부분에서도 유사한 식물만 내놓았다. 비교적 최근에 등장한 '무작위 식재random planting' 접근법은 조건이 맞는 부지라면 어디든 사용할 수 있는 식재법과 표준화된 식물이나 혼합씨앗을 제공하며 이를 더욱 발전시키는 추세다. 기본적인 출발점으로는 괜찮을지 모르지만, 정해진 공식에서 벗어나 자신만의 방식을 시도할 때에만 정말 흥미로운 일이 일어난다.

마찬가지로 활용할 수 있는 다양한 조성·관리 기술을 모두 규범화할 수는 없다. 마지막 장에서는 내가 주로 사용하는 몇 가지 표준화된 방법을 살펴볼 것이다. 단, 언제든 시도해 보고 바꿀 수 있다는 점을 잊지 말자.

부지 준비

모든 것은 식물 선정의 근거가 되는 부지 조건에서부터 시작된다. 이와 반대로 기르고자 하는 몇몇 식물을 미리 정해 놓고 그에 맞추어 부지를 극단적으로 개량하고 변경하기란 일반적으로 불가능하다.

나는 토양 비옥도를 높여 식물을 거대하게 키워 내는 원예의 전통적인 관행을 거의 따르지 않는다. 앞서 이야기했듯이 이러한 행위는 공격적인 '지배자dominator' 식물을 부추길 뿐이다. 대신 나는 적당한 스트레스 조건을 선호하며, 다만 심하게 다져진 토양은 물이 잘 빠지도록 풀어 줄 것을 권한다.

여기서 무엇보다 중요한 고려 사항은 애초에 잡초가 없는 상태에서 작업하는 것이다. 잡초 제거에 많은 자원을 투입할 수 없다면 식재 전에 부지를 최대한 깨끗하게 만들어야 한다. 자신의 철학이나 기호에 따라 유기적 또는 화학적 방법을 이용할 수 있다.

1. 트렌텀가든의 여러해살이 초지 식재 구역. 식물을 심기 전 영양분이 부족한 하층토 위에 잡초가 없는 도시 녹색 폐기물 퇴비를 20센티미터 두께로 펴고 있다. 이 토양 피복은 새로 심은 식물들이 경쟁 없이 생육을 시작하게 해 준다.

2. 페테르 쿤Peter Korn의 정원. 그는 잡초 없이 튼튼하게 자랄 수 있는 환경을 만들기 위하여 굵은 모래를 두껍게 덮는다. 처음부터 새로운 식재를 확립하는 방법으로 종종 모래를 잔디밭 위에 직접 뿌리기도 한다. 이는 매우 효과적인 방법이지만, 식물 생장이 너무 느리지 않도록 시비 효과가 천천히 나타나고 유실이 적은 완효성 비료를 추가하는 것이 좋다.

3. 자갈이나 이와 비슷한 골재에 식재하는 것은 식물을 튼튼하게 기르는 또 하나의 효과적인 방법이다. 여기에는 유카속Yucca 식물과 램스이어Stachys byzantina 같은 가뭄에 강한 식물이 10센티미터 두께의 골재 층에 식재되었다.

멸균 멀칭재

부지를 최대한 깨끗하게 정리했다면, 잡초와 최소로 경쟁하면서 원하는 식물을 심는 데 도움이 되는 유기적인비화학적인 방법이 있다. 바로 잡초가 없는 멸균 토양 멀칭재를 사용하는 것이다. 식재 구역을 이러한 멀칭재로 덮으면 식물이 잡초가 없는 깨끗한 환경에서 자리 잡을 수 있다. 식재한 식물은 멀칭재 아래로 뿌리를 내릴 수 있지만 땅속 잡초

씨앗이나 영양기관 조각은 멀칭재를 뚫고 위로 올라오지 못하기 때문이다. 잡초가 없는 녹색 폐기물 퇴비나 모래, 자갈이 여기에 알맞으며 부지의 비옥도를 더 높이지 않는다. 실제로 이러한 재료는 영양분이 적으며, 다른 화단에서 익숙하게 보던 같은 식물보다는 작더라도 조밀하고 튼튼하게 자라게 할 것이다.

이러한 효과를 얻으려면 멀칭재를 적게는 10센티미터에서 많게는 20센티미터 두께로 덮어야 한다. 옥상녹화에 사용하는 인공 용토도 같은 효과를 낼 수 있다. 이러한 재료는 초기 비용이 너무 비싸게 느껴질 수 있지만 장기적인 유지·관리를 고려하면 시간을 상당히 절약할 수 있게 해준다.

4. 셰필드 그레이 투 그린 프로젝트(위)와 존 루이스 빗물정원(아래). 두 곳 모두 골재를 10센티미터 두께로 덮어 조성했다. 배수가 잘되고 잡초가 없는 지면을 만들었으며, 식생이 완전히 자리 잡기 전인 겨울에도 깨끗하고 산뜻하게 유지되었다.

식재와 파종

식재 후 활착

나는 보통 식재 밀도를 제곱미터당 9~16개 정도로 한다. 너무 많다 싶을 수 있지만 양분을 과하게 주고 물을 대는 관습적인 화단 식재가 아님을 기억하라. 이 정도는 실제 초지에서 자라는 식물의 밀도에 비해 아주 적은 것이다. 첫해에 식생이 빈틈없게 자라서 향후 잡초 제거에 힘을 덜 들이도록 하는 것이 목표다. 관수를 하지 않거나 조금만 한다는 원칙이 있지만, 식물이 잘 자리 잡는 것이 중요하기 때문에 첫 4~6주 정도는 날씨가 매우 건조하면 꼭 규칙적으로 물을 주어야 한다.

파종

셰필드학파의 특징 중 하나가 바로 파종이다. 식물 모종만 심는다면 엄청난 비용이 들겠지만 씨를 뿌리면 넓은 면적을 자연주의 식재로 채울 수 있다. 나는 특히 '팝업' 식물을 주로 사용했다. 깨끗한 배양토 묘상이 필수다. 어떤 책들은 기존 풀밭이나 잔디밭에 파종할 수 있다고 하면서 대충 표면을 긁어내거나 풀밭을 뒤집어 땅을 판 후 어린 모종이 자리 잡을 만한 공간을 만들어 주면 된다고 하지만, 어린 모종 중 열의 아홉이 기존 풀과 경쟁하면 바로 밀려나기 때문에 그저 시간 낭비일 뿐이다.

여러해살이 초지용 혼합씨앗에 관해서는 나의 동료 제임스 히치모가 쓴 《아름다움을 심다: 파종으로 디자인하는 꽃 피는 초지》에서 자세히 설명하고 있으니 여기서는 반복하지 않겠다. 다만 나는 가시적이거나, 기능적이거나, 시선이 집중되는 곳에 여러해살이 혼합씨앗을 단독으로는 거의 사용하지 않는다. 볼 만한 꽃을 피울 만큼 자라려면 대개 두 해가 걸리기 때문이다. 그때까지의 모습은 방치된 땅에 올라오는 잡초 무리와 별반 다르지 않다. 또 파종은 내재적으로 위험 부담이 높다. 실패할 가능성이 있고, 어떤 씨앗이 발아에 성공할지 예측할 수 없으며, 혼합씨앗 내의 균형을 보장할 수 없기 때문이다.

하지만 한해살이풀의 경우는 상황이 다르다. 씨를 뿌린 후 몇 달 안에 꽃이 피고, 잡초가 눈에 띄지 않으며, 매년 부지를 정비하고 다시 시작할 수 있다. 이상적인 조합은

1. 노란색을 주제로 한 여러해살이풀 혼합씨앗이 붉은색-분홍색-보라색 조합과 어우러진다. 사이사이 푸른색과 분홍색 가닥이 다른 조합의 식물들과 교차한다. 이처럼 색을 주제로 한 혼합씨앗을 이용하는 작업은 그림의 붓놀림과 비슷하다. 혼합씨앗 디자인: 나이절 더닛
2. 올림픽파크의 한 길가. 다양한 주제 색의 여러해살이 초지 조합이 길을 따라 번갈아 가며 늘어서 있다. 다이어스캐모마일 Anthemis tinctoria의 노란 꽃과 센토레아 스카비오사 Centaurea scabiosa의 보라색 꽃이 눈에 띈다. 혼합씨앗 디자인: 나이절 더닛

첫해의 볼거리를 위해 여러해살이풀 혼합에 한해살이풀을 일부 더하는 것이다. 나는 보통 한해살이풀을 10퍼센트 정도로 구성하며, 수레국화cornflowers, 아마flaxes, 기생초coreopsis 같은 '가느다란 한해살이풀'을 사용한다. 이들은 커다란 로제트형 잎으로 바닥을 차지하거나 위로 넓게 퍼지지 않고 곧게 자라기 때문에 자라나고 있는 여러해살이풀을 죽이지 않는다. 나는 혼합씨앗에 일정 비율의 한해살이풀을 넣으면 잡초가 들어올 만한 모든 틈새를 막아 실제로 잡초의 침입이 줄어든다는 사실을 실험을 통해 알게 되었다.

3. 바비칸 비치가든의 식재 배치 밀도. 이 혼합씨앗 식재에는 튼튼하고 오래가는 식물뿐 아니라 처음 한두 해 동안의 시각적 효과를 위해 수명이 짧은 '팝업' 식물도 포함되어 있다.

4. 비슷한 밀도로 식재된 트렌텀가든의 초지. 식물이 촘촘하게 식재된 듯하지만, 씨앗을 뿌렸을 때의 제곱미터당 식물 수량과 비교하면 상대적으로 낮은 밀도다. 두 사례 모두 비옥하지 않은 토양이나 배지가 필수였다.

1. 올림픽파크의 여러해살이 초지. 자생식물을 사용하여 조성했지만 꽃의 효과를 극대화하기 위해 그라스의 비율을 매우 낮추었다. 혼합씨앗 디자인: 제임스 히치모
2. 여러해살이풀 혼합씨앗에서 덩어리를 이루는 그라스는 형태를 그대로 유지하며 개화기가 지난 후에도 시각적 흥미를 제공한다. 김의털*Festuca ovina*은 판타스티콜로지 구역의 혼합씨앗을 식재한 곳 중 한 곳에서 서양톱풀*Achillea millefolium*과 함께 흩어져 계절의 끝자락에 멋을 더한다. 혼합씨앗 디자인: 나이절 더닛

3. 이만큼의 식물을 씨앗이 아닌 모종으로 심으려면 비용이 훨씬 더 많이 들 것이다.

4. 2012년 봄, 파종 준비가 완료된 올림픽파크 내 언덕. 활착이 잘 되려면 표면을 곱게 잘 일군 깨끗한 토양이 필수적이다.

5. 6개월 후 같은 장소. 한해살이 혼합씨앗으로 이루어진 황금빛 '올림픽 골드Olympic Gold'가 만발했다. 혼합씨앗 디자인: 나이절 더닛

1. 초지를 창의적으로 활용하기. 셰필드의 순환도로에는 첫해에 색감을 입히기 위해 여러해살이 야생화 초지 혼합씨앗에 한해살이 양귀비를 약간 섞었다. 주요 여러해살이풀이 꽃을 피우기 전, 먼저 자리 잡은 부추속Allium·카마시아속Camassia 식물이 꽃을 피워 장관을 이룬다. 모든 식물은 이 사진을 찍기 전인 가을에 식재했다.

2. 토양에 잡초가 매우 많은 경우, 거친 모래 같은 멸균된 재료로 표면을 덮어주면 잡초 싹이 자라 올라오는 것을 막으면서 혼합씨앗은 멀칭재 아래로 뿌리를 내려 자리를 잡게 할 수 있다. 사진은 잡초가 있는 기존 토양에 멀칭한 모습이다.

3. 씨뿌리기를 식재와 동시에 할 수도 있다. 이 예시에서는 모래로 덮은 부지에 여러해살이풀을 듬성듬성 심은 후 주위에 혼합씨앗을 뿌렸다. 그리고 빗물 때문에 침식되는 것을 방지하기 위해 전 구역을 생분해성 마대로 덮었다. 이 사진은 식재된 종들이 봄에 움트는 모습이다. 파종과 식재는 사진을 찍기 전, 가을에 이루어졌다.

4. 1년이 지나고 마대는 썩어 버렸지만 모래는 여전히 일부 남아 있다. 혼합씨앗에서 싹튼 자주천인국 *Echinacea purpurea*의 보라색 잎이 올라오고 있다.

5. 여름, 같은 장소. 아스테르 마크로필루스 *Aster macrophyllus*의 푸른빛 꽃과 루드베키아 풀기다 데아미 *Rudbeckia fulgida* var. *deamii*의 노란색 꽃이 보인다. 아스테르와 루드베키아는 식재한 것이고, 자주천인국은 파종한 것이다. 식재·혼합씨앗 디자인: 나이절 더닛

사례 연구:
올림픽파크의 판타스티콜로지 구역

여러해살이 혼합씨앗 디자인　나이절 더닛
공간설계　위 메이드 댓&LDA 디자인 We Made That & LDA Design
조성　2013년 봄

올림픽파크의 판타스티콜로지Fantasticology 구역은 꽃이 풍부한 여러해살이 혼합씨앗을 사용한 완벽한 사례다. 이 구역은 내가 올림픽 기간 동안 공원을 위해 특별히 개발한 다양한 주제 색이 있는 식재로 구성되었다. 한해살이 혼합씨앗을 직접 파종한 식재였으나, 올림픽이 끝난 후에는 여러해살이 혼합씨앗 식재로 변경되었다. 운이 좋게도 우리는 이전의 오염 때문에 이미 깨끗하게 정비되어 잡초 하나 없는 부지에서 작업을 시작할 수 있었다. 혼합된 여러해살이풀 식재에는 가느다란 한해살이풀이 어느 정도 포함되었다. 첫해의 한해살이풀은 장관을 이루었으며, 두 번째 해에도 꽤 많은 양이 자연발아해 나타났다. 하지만 그다음 몇 해에 걸쳐 한해살이풀들은 자취를 감추었고, 지금은 사실상 여러해살이풀만 남아 있다.

판타스티콜로지 구역은 새로운 공원을 조성하기 위해 철거된 공장과 공방의 발자취를 담아낸 설치미술로 조성한 곳이다. 이 구역의 식재디자인에는 다양한 혼합씨앗의 엄격한 패턴이 있다. 대단히 흥미로운 사실은 한해살이풀 덕분에 여러해살이풀이 완벽하게 자리 잡을 수 있었고, 여러 조합에 자연발아하는 여러해살이풀이 포함되어 있었지만 서로 침입하는 일이 거의 없었다. 각 조합의 경계는 여전히 명확하다. 결국 모든 것은 처음부터 제대로 시작하는 것에 달려 있다.

혼합씨앗은 제곱미터당 3그램을 뿌렸다. 나는 여러해살이풀이든 한해살이풀이든 보통 이 비율로 씨를 뿌린다. 씨앗이 고르게 흩어지도록 증량제와 섞고, 필요한 만큼 균일하게 편 다음 갈퀴로 긁어 넣는다.

나는 여러해살이풀과 한해살이풀 모두 꽃이 풍성하거나 오직 꽃으로만 구성된 혼합씨앗을 사용하는 편이다. 전형적인 야생화 초지 조합은 그라스를 보통 씨앗 중량의 80퍼센트 정도로 많이 포함하고 있다. 이는 여러해살이풀이 자리 잡는 데 문제가 될 수 있고, 많은 초지가 장기적으로 실패하는 가장 큰 이유가 된다. 나는 파종하기 전이나 후, 그 주변으로 덩어리를 이루는 관상용 그라스를 심는다.

1. 흰색과 보라색을 주제로 한 여러해살이 혼합씨앗 식재. 흰색은 갈리움 몰루고Galium mollugo, 서양톱풀Achillea millefolium, 불란서국화Leucanthemum vulgare 그리고 보라색은 센토레아 니그라Centaurea nigra다.
2. 5년이 지났지만 여전히 두 혼합씨앗 식재 사이의 경계가 뚜렷하다. 첫해에 식물들이 지면을 완벽하게 덮어 혼합씨앗에 없는 잡초나 다른 식물의 침입을 방지한 결과다. 잡초 없이 깨끗한 토양에 파종하는 것이 중요하다.

3. 다양한 주제 색의 여러해살이 혼합씨앗 식재가 지금은 사라진 공장과 공방의 자리를 장식하고 있다.
4. 늦봄, 본격적인 개화가 시작되기 전이지만 질감의 차이는 여전히 다른 혼합씨앗 식재라는 사실을 보여 준다.
5. '판타스티콜로지' 혼합씨앗을 이루는 두 가지 여러해살이풀인 푸른 아마 *Linum perenne*와 붉은장구채 *Silene dioica*.

2018년 7월, 덥고 건조한 여름이 한창이던 판타스티콜로지 구역. 흰색을 주제로 하는 여러해살이 초지를 만개한 산당근 Daucus carota 꽃이 채우고, 그 사이에 노란 꽃을 피우는 갈리움 베룸 Galium verum과 터리톱풀 Achillea filipendulina이 네모난 영역을 차지하고 있다.

초지
조성하기

초지를 조성하는 방법은 파종 외에도 여러 가지가 있다. 미리 재배한 초지 뗏장을 이용하면 보다 확실하게 식생을 조성할 수 있다. 이 방식에는 두 가지 큰 이점이 있다. 곧장 공간을 채우기 때문에 미관상 보기 좋고, 처음부터 잡초가 없다면 아래 토양으로부터 올라오는 잡초를 방지할 수 있다. 여러해살이 픽토리얼 메도 혼합씨앗 중에는 미리 길러 놓은 뗏장으로 구할 수 있는 것이 많지만, 이는 가장 비싼 방식이다. 또 씨앗을 뿌릴 때와 마찬가지로 기존 식생을 완전히 없애고 경운해서 좋은 토양을 만들어야 한다.

단순하고 효과적인 방법은 기존의 잔디밭이나 초원에 여러해살이풀을 직접 심는 것이다. 작은 포트 묘를 많이 권하기도 하지만 경쟁 조건에서 자리를 잡기에는 너무 작고 관상 가치를 보여 줄 때까지 시간이 걸린다. 대신 적당한 크기의 용기에서 키운 식물이나 뿌리 묘를 쪼개어 심는 것을 추천한다. 먼저 기존 부지의 잔디나 풀을 15×15 센티미터 정도 제거하고 식재 구덩이를 판 후, 그 안에 식물을 배치하고 남은 공간을 메우고 물을 주면 된다. 이러한 환경에서는 풀을 뚫고 올라와 무성한 잎이 달린 줄기를 뻗을 수 있는 강건한 여러해살이풀만이 자리 잡을 수 있다. 기존의 풀밭에서 작업할 수 있으며, 초지 안에 꽃 피는 그라스를 넣을 수 있다는 것이 이 접근법의 큰 장점이다. 이 매트릭스는 초지에서 할 수 있는 온갖 경험 중 하나다.

트렌텀가든의 여러해살이 초지. 픽토리얼 메도 씨앗 조합 중 '골든 서머Golden Summer' 혼합씨앗으로 만들었다.

1. 영국 노스요크셔주에 있는 잔디회사 린덤잔디Lindum Turf의 부지. 내가 초지용 뗏장을 실험하고 있는 장소 중 하나다.
2. 비닐 위의 얕은 토양층에서 재배되는 잔디. 뿌리가 땅속 깊이 뻗는 것을 방지하기 위해 이렇게 한다.

3. 여러 가지 혼합 초지용 뗏장이 만들어 내는 전경. 이 얇은 토양층이 이토록 많은 식물을 지탱하고 있다는 사실이 정말 놀랍다.
4. 원추천인국속Rudbeckia·참취속Aster 식물이 보이는 프레리 초지 혼합 뗏장. 즉각적인 효과를 떠나 뗏장 이용의 주된 이점은 아래쪽 토양의 잡초 생육을 효과적으로 억제하여 관리에 매우 유용하다는 것이다.

1. 초기 시공 후 나의 집 앞뜰. 왼쪽 잔디밭은 일반적인 튼튼한 떼로 새롭게 깔았다. 오른쪽 사진은 같은 잔디밭에 여러해살이풀을 심은 모습으로, 식물은 이미 정원에 있던 것을 분주하거나 2리터 화분에 있던 것을 사용했다.
2. 기존 잔디밭에 시베리아붓꽃 '트로픽 나이트' Iris sibirica 'Tropic Night', 숲제라늄 '메이플라워' Geranium sylvaticum 'Mayflower', 페르시카리아 비스토르타 '수페르바' Persicaria bistorta 'Superba', 불란서국화 Leucanthemum vulgare가 모두 정착했다(왼쪽). 계절의 끝자락에 접어들며 초지의 꽃들이 개화를 마치자 가장자리를 따라 자연주의적으로 식재된 식물들이 이 작은 공간으로 초지를 끌어들인다(오른쪽).

3. 왼쪽은 나의 또 다른 정원으로, 기존 잔디밭을 오랫동안 꽃이 피는 초지로 바꾸었다. 샤스타데이지 '베키' Leucanthemum x superbum 'Becky', 제라늄 [로잔] Geranium ROZANNE, 페르시카리아 암플렉시카울리스 '로세아' Persicaria amplexicaulis 'Rosea'가 정착했다. 오른쪽 사진은 시베리아붓꽃 '화이트 스완' Iris sibirica 'White Swan'이 동일한 구역에 정착한 모습이다.

4. 올림픽파크의 판타스티콜로지 구역 초지. 1월 말부터 2월까지 식물을 잘라 내지 않는다. 늦게 꽃을 피우는 종들의 활동을 위해서이기도 하지만, 새를 위하여 겨울 동안 씨송이를 남겨 두기 위해서이기도 하다. 초지 구역은 손으로 낫질을 하든, 예초기나 다른 기계를 사용하든, 자른 풀은 걷어다 퇴비로 만들어서 연약한 종들이 억눌리거나 토양에 양분이 과도하게 축적되지 않도록 해야 한다.

5. 지상부의 식물체를 제거하며 초지를 관리한다. 전통적으로는 7월부터 자르기 시작하고, 자른 풀은 건조시켜 겨울 동안 사료용 건초로 사용한다. 그러나 정원 환경에서는 꽃이 늦게 피는 종의 개화기간을 늘릴 수 있도록 여름이나 가을이 끝날 때까지 자르지 않고 두는 것이 좋을 수 있다.

여러해살이풀 유지하기

이제 계속 다루어 왔던 자연주의 양식의 여러해살이풀 식재를 위한 표준 기본 관리 체제를 이야기하고자 한다. 관리 목표는 시간이 많이 소요되는 작업을 최소화하고, 1년 내내 아름다운 볼거리를 유지하며, 생물 다양성과 야생생물의 가치를 높이는 것이다.

식재가 활착 단계를 지나면 나는 다음과 같은 순서로 작업한다.

- **3월 초까지**   남아 있는 숙근성deciduous 여러해살이풀의 죽은 줄기와 씨송이를 모두 잘라 내 제거한다.
- **3월 초~4월 중순**   필요한 경우 빈틈없이 제초한다. 자연 발아해 나온 싹은 솎아 내서 이식하고, 과하게 자라난 여러해살이풀은 분주한다. 필요한 경우 식재를 수정한다. 부족한 멀칭재는 보충하되, 반드시 멸균 처리한 낮은 비옥도의 모래, 자갈, 녹색 폐기물 퇴비 같은 재료를 사용해야 한다. 거름이나 비료는 필요하지 않다!
- **4월 중순 ~ 6월 중순**   필요하면 부분적으로 잡초를 제거한다. 일반적으로 이 시점부터는 제초가 필요 없다.
- **6월 중순 ~ 10월**   최소한의 관리가 필요하다. 새로운 층이 생겨 먼저 개화한 층의 마른 잔해를 가리도록 한다.

1. 바비칸에서는 산뜻한 겨울 모습과 활기찬 여러해살이풀 식생을 원했다. 숙근성 여러해살이풀이 지저분해지면 제거하되 상록성 여러해살이풀은 그대로 두는 등 더욱 선별적인 유지·관리가 필요했다. 여기 선정된 식물은 모두 매우 강건하기 때문에 대부분 봄까지 자르지 않고 그대로 둔다.

2. 이른 봄의 스텝 초지에서 유포르비아 카라키아스*Euphorbia characias*의 꽃이 잘라내지 않은 스텝 그라스 무리clump와 함께 피고 있다. 아래쪽 사진은 봄에 상록성 유포르비아 이외의 모든 그라스와 여러해살이풀을 잘라내 제거한 모습이다.

- **10월~11월** 지저분하거나 쓰러진 여러해살이풀의 줄기를 제거한다. 하지만 제거 작업은 최소화하고 가능한 한 많은 씨송이와 잎이 진 구조적 식물을 제자리에 오랫동안 그대로 남겨 두는 것이 목표다.
- **11월~2월** 죽은 줄기와 씨송이가 떨어지거나, 지저분해지거나, 볼품없어질 때 차례로 제거한다. 그 외 다른 것들은 그대로 둔다. 나는 몇 주마다 절정이 지난 좋은 모든 개체를 잘라 내 제거하는 식으로 이 작업을 체계적으로 실시한다. 이렇게 하면 겨울 식재는 점차 솎아지며, 겨울이 끝날 즈음에 가장 굳세고 튼튼한 식물만 남는다. 다른 방법은 기존 관행대로 10월부터 2월까지 모든 식재를 그대로 두는 것이다. 하지만 겨울이 깊어지면서 매우 칙칙해 보일 수 있기 때문에 나는 식물들을 점차 솎아 내 식재 공간이 트이는 편을 선호한다.

3. 일반적으로 자연주의 여러해살이풀 식재는 겨울 동안 마르면서 갈색으로 변한다. 연초까지는 좋은 상태를 유지하지만, 점차 넘어지고 쉽게 바스러진다. 두 사진 모두 올림픽파크에 있는 정원으로, 위쪽 사진은 1월 말 북아메리카정원의 모습이다. 식물의 지상부가 모두 죽었기 때문에 늦겨울에 전부 잘라내 제거할 수 있다. 아래쪽 사진은 2월 초 유럽정원의 모습으로, 앞쪽의 식재는 잘라 냈고 뒤쪽은 남아 있다.

4. 잘라 낸 식물체는 모두 봉투에 담아 폐기한다. 이른 봄 구근이 움트고 있는 경우가 아니라면 잔디깎이를 사용하여 같은 효과를 낼 수 있으며, 아주 잘게 잘린 줄기가 지면을 덮게 된다. 위쪽 사진은 잘라 둔 식물로, 봄에 다시 싹을 틔울 것이다.

왜림 관리

왜림coppicing 작업은 교목과 관목의 줄기 아랫부분을 지면 높이 정도로 낮게 잘라내 근원부에서 새로운 싹이 움트도록 유도하는 일이다. 이는 숲의 나무에서 나오는 큰 목재가 아닌 공예와 종이 펄프용 '작은 목재small wood'를 생산하는 소림을 관리하는 전통적인 방식이다. 하지만 왜림 관리에서 주목할 점이 있다. 잘린 나무가 다시 생장하는 과정에서 어둡고 서늘한 그늘이었던 곳이 탁 트여 따스한 빛이 들어오게 된다. 이 주기가 반복되며 순환하는 왜림은 지면의 초본과 알뿌리식물로 이루어진 매우 다양한 식물상을 만든다.

왜림 작업은 보통 나무에 여러 줄기가 자라나도록 한다. 새롭게 자라난 어린줄기는 밝은색을 띠거나 잎이 매우 클 수 있다. 예를 들어 층층나무속Cornus이나 버드나무속Salix 식물들은 밝은색 겨울 줄기를 보기 위해 주기적으로 이 작업을 한다.

여러해살이풀의 다양한 지층과 왜림 작업 사이의 연관성을 보며 나는 오래전부터 이 작업이 목본식물과 여러해살이풀을 조화시키는 완벽한 방법이라 직감했다. 영국에서는 소림에 있는 유럽개암나무Corylus avellana와 유럽밤나무Castanea sativa가 익숙하지만, 왜림 작업에 훨씬 더 효과적인 교목과 관목이 많다. 미국붉나무Rhus typhina같이 땅속에서 생긴 부정아 꼭지눈이나 곁눈의 자리가 아닌 다른 자리에서 나는 눈, 즉 흡지suckers, 뿌리 부근에서 나오는 어린줄기가 많이 나와 관리하기 어렵다고 여겨지는 일부 교목과 관목은 주기적인 왜림 작업을 실시해 마치 여러해살이풀처럼 관리할 수 있다.

1. 연말, 화려한 단풍으로 불타는 듯한 미국붉나무. 루드베키아 풀기다 데아미 Rudbeckia fulgida var. deamii와 미역취속Solidago 식물이 미국붉나무와 미국붉나무 '라키니아타'Rhus typhina 'Laciniata'와 함께 있다.

2. 영국왕립원예협회 할로우카가든Harlow Carr Gardens에서 볼 수 있는 나의 혼합식재. 미국붉나무가 제라늄 프실로스테몬Geranium psilostemon, 갈리움 몰루고Galium mollugo, 페르시카리아 암플렉시카울리스Persicaria amplexicaulis와 함께 식재되어 있다. 관목과 초본의 혼합식재로, 왜림 작업으로 관리한다. 원추천인국속Rudbeckia 식물의 잎도 보인다.

3. 영국 켄트주 시싱허스트성의 개암나무길. 내가 큰 영향을 받은 곳으로, 지난 수십 년 동안 그 어느 곳보다도 아름다운 여러해살이 그늘 식재를 보여준다. 실제로는 정형화된 유럽개암나무 왜림이다. 청나래고사리 Matteuccia struthiopteris가 큰 무리를 이루고, 흰색 꽃을 피우는 블루벨 '알바' Hyacinthoides non-scripta 'Alba'와 연영초속 Trillium 식물이 자란다.

4. 곧게 뻗은 길과 함께 일정한 간격으로 식재된 줄기가 많은 유럽개암나무는 자연주의 식재에 질서를 부여한다.

5. 생기 넘치는 지피식물, 여러해살이풀, 양치식물, 알뿌리식물 혼합이 목본식물들 사이의 공간을 채운다.

6. 시싱허스트성 개암나무길. 셰필드식물원 소림정원 디자인에 큰 영향을 미쳤다. 왜림 작업한 유럽개암나무 밑동 주변으로 영국 자생종인 프리물라 엘라티오르 Primula elatior가 넓게 식재되어 있다. 식재디자인: 나이절 더닛

맺음말

수년 전, 나는 호주 동부 해안의 타운즈빌Townsville 시 당국의 자문 요청을 받았다. 매년 건기가 상당히 긴 이 지역은 기후 때문에 모든 것이 마르고 익어 버린다고 지역 주민들이 이곳을 '브라운스빌Brownsville'이라는 별칭으로 부른다고 했다. 시는 이러한 이미지에 대응하기 위해 상록성 식물과 열대식물을 많이 심어 활기찬 도시 분위기를 살리기를 원했지만 이를 유지하기 위해 엄청난 관수에 매달려야 했다. 나는 보기에도 좋고 건조한 환경을 잘 견디는 지역 자생식물을 찾도록 조언했다.

그래서 나는 도시 주변의 언덕을 돌아다니며 식물 탐사에 나섰다. 가뭄에도 여전히 꽃을 피우는 매력적인 식물과 말라붙은 사바나 초원 환경 속에서도 보기 좋은 식물을 찾아다녔다. 그러다 문득 전망대의 큰길 바로 옆 갈색으로 변해 버린 초원을 이리저리 뒤지며 야생화 사진을 찍고 있는 나 자신을 발견했다.

갑자기 여성 두 분이 완전히 미친 사람을 보듯이 다가와 무엇을 하고 있냐고 물었다. 나는 풀 사이로 멋진 식물을 찾고 있다고 답했다. 한 분은 나에게 "시간 낭비네요. 멋진 식물을 보고 싶다면 제 정원으로 오세요. 아름다운 장미꽃이 잔뜩 피어 있는 화단이 있어요"라고 말했다. 내가 "하지만 저는 야생이 좋은걸요"라고 답하자, 또 다른 분은 "그래요? '와일드'한 것을 좋아하시면 저를 좋아하시겠네요"라고 말했다. 그 이후로 이 대화는 나의 머릿속을 떠나지 않았다. 이 책을 완성한 지금, 그 두 사람이 다시 생각난다. 그들은 이 책을 어떻게 생각할까? 나는 첫 번째 여성에게 책을 선물하고 자연스러운 느낌의 식물로 설계된 식물군락을 다루는 일이 얼마나 아름다운지 보여 주고 싶다. 심지어 이것이 식물을 다루는 가장 아름답고, 보람되고, 정서적으로 만족스러운 방법이며, 완벽한 정원과 경관을 조성하는 방법이라고 설득하고 싶기도 하다.

이 책은 사실 두 번째 여성에게 전하고 싶은 상상 속 대답이다. 미래의 식재란 흥미롭고, 힘이 되고, 극적이고, 아름답고, 숨 막히고, 대담하며, 모험적인 것이라고 말해 주고 싶다. 또 야생의 모습도 있다. 단지 자연스러워서 야생이 아니라 날이 선듯 강렬함이 있으며, 도전적이고, 안전하지 않으며, 늘 고상하지는 않기 때문이다.

그분이 어디까지 이런 생각을 받아들일지는 모르겠지만 그때 호주에서 만났던 두 여성을 떠올리며 이 책과 함께 진정으로 활기차고 야성적인 여러분의 여정을 시작하기를 진심으로 바란다.

올림픽파크의 유럽정원. 그라스 스티파 칼라마그로스티스*Stipa calamagrostis*와 붉은색 꽃을 피운 칼케돈자꽃*Lychnis chalcedonica*이 보인다. 디자인: 나이절 더닛과 사라 프라이스

감사의 말

연구원과 디자이너로 경력을 쌓기 시작한 이래로 나의 일은 전부는 아니더라도 대부분이 다른 디자이너와 연구원, 그리고 현장 관리자, 기술자, 정원사와 협력한 결과였다. 나 자신의 실험적인 작업만큼이나 그들로부터 많은 것을 배웠으며, 일일이 열거할 수는 없지만 나와 함께 일한 모든 분에게 깊은 감사를 표하고 싶다.

이 책의 앞부분에서 중요한 영향력을 가진 이들을 언급했지만, 특히 미국의 조경가 대럴 모리슨을 콕 집어 이야기하고 싶다. 나는 자연과 조화를 이루는 작업이라는 그의 부드러운 철학을 마음에 새기고 늘 생각의 기준으로 삼는다. 또 지지와 격려로 많은 도움을 주고 이 책의 서문을 써 준 피트 아우돌프에게도 진심으로 감사하다.

영국 셰필드대학교 조경학과에서 보낸 지난 20년은 제임스 히치모와 함께한 최고의 협업으로 기억될 것이다. 그와 정말 많은 생각을 나누었고 공통의 규칙과 원칙을 도출했다. 각자의 작업 프로그램이 서로에게 도움을 주었고, 2012년 올림픽파크에서 절정을 이루었던 그 경험은 평생 잊지 못할 것이다. 많은 박사 과정 학생이 나의 연구에 기여했지만, 그중 두 명을 꼭 언급하고 싶다. 옥상녹화 시험 작업에 많은 도움을 주고 이 책에 나온 옥상정원 프로젝트의 기초를 다질 수 있도록 애써 준 아야코 나가세Ayako Nagase, 인생을 바꾸는 경험이었던 중국으로 여행을 주선하여 그 결과를 책에 대거 수록할 수 있도록 해 준 지아 위안Jia Yuan이 그 주인공이다.

텔퍼드버러의회Telford Borough Council의 크리스 존스Chris Jones와 셰필드에 있는 그린이스테이트Green Estate의 댄 콘웰Dan Cornwell과 수 프랜스Sue France에게도 신세를 졌다. 이들은 픽토리얼 메도 아이디어를 받아들여 까다로운 도시 부지에 대규모로 적용할 수 있게 해 주었다. 이런 분들과 함께 일하는 것은 그 어떤 실험적인 작업만큼이나 나에게 소중한 경험이다. 마찬가지로 트렌텀가든과 저택 관리 책임자인 마이클 워커Michael Walker는 항상 최상의 결과를 내도록 일을 추진하는 정말 대단한 협력자였다. 또 바비칸 프로젝트 초기 단계에서 꼭 필요한 지원과 조정을 해 준 런던시City of London Corporation 원예 담당자 브래들리 빌윤Bradley Viljoen에게도 한없는 고마움을 전하고 싶다.

첼시플라워쇼에서 정원을 만드는 일은 몹시 신나는 경험이었고 내 작업의 의도를 아주 많은 청중에게 홍보할 수 있는 기회였다. 랜드폼 UKLandform UK의 마크 그레고리Mark Gregory, 리치 라벨Rich Lavelle, 캐서린 맥도널드Catherine MacDonald를 비롯한 팀 전체의 기술과 비법이 없었더라면 불가능했다. 조경 시공자이자 디자이너로서 그들의 헌신은 협동의 가치와 최선을 다하는 일과 관련해 잊을 수 없는 인상을 남겼다. 이에 마음 깊이 감사드린다. 쇼가든에서도, 그리고 바비칸에서도 나의 '오른팔'로 함께 식재를 추진했던 타이나 수오니오Taina Suonio에게 특별한 감사의 마음을 전한다. 이 모든 것이 더랜드스케이프에이전시The Landscape Agency와 협력하지 않고는 불가능했다. 패트릭 제임스Patrick James, 에드 페인Ed Payne, 로지 터너Rosie Turner, 엘리너 홀드크로프트Eleanor Houldcroft에게도 고맙다.

오래 함께해 온 편집자이자 발행인인 애나 멈퍼드Anna Mumford의 비전, 통찰력, 믿음 그리고 인내가 없었더라면 이 책이 나올 수 없었을 것이다. 다른 사람과 일하는 것은 상상도 할 수 없으며, 다시 함께 작업하게 되어 정말 즐거운 경험이었다. 초기에 함께 책의 형태와 내용을 논의했던 사라 프라이스에게도 감사의 인사를 전한다. 올림픽파크에서 함께 작업했던 때부터 예술과 자연의 시적인 융합을 추구한 그에게 감탄했다. 이 역시 나의 작업 방식에 큰 감명을 주었다.

마지막으로 가족에게 가장 고맙다. 이 책을 쓰기 시작할 때부터 끝까지 나의 아내 마르타 헤레로Marta Herrero 박사는 나를 깊은 사랑으로 지지해 주었다. 그리고 원예와 식물 세계에 들어서 전문 정원사와 조경가로 활동하고 있는 두 아들 알렉스Alex와 잭Jack에게도 내가 그랬던 것처럼 보람 있는 길이 되기를 바라는 마음을 전한다.

추천 도서

이 책은 영감을 주고, 욕구를 북돋우며, 철학을 전하고, 나의 작업과 식재디자인 아이디어에 대한 통찰을 보여 주고자 집필했다. 무엇보다 실험 정신을 권하고, 모든 가능성의 영역을 열어 주고 싶었다. 여기서 추천하는 모든 책은 함께 읽으면 내가 다룬 주제와 소재를 더 자세히 이해할 수 있는 좋은 길잡이가 되어 줄 것이다.

피트 아우돌프·노엘 킹스버리, (오세훈 옮김), 《식재디자인Planting: A New Perspective》, Timber Press(목수책방), 2013(2021).
정원 환경 대부분에 적용할 수 있는 식물 목록은 물론 피트 아우돌프의 식재디자인 개념과 방법을 개괄할 수 있는 책이다.

토마스 라이너Thomas Rainer·클라우디아 웨스트Claudia West, 《야생 식재의 새로운 접근Planting in a Post-Wild World》, Timber Press, 2015.
설계된 경관을 바라보는 새로운 관점에 대한 선언. 정원과 조경 서식처를 만들고 관리하는 상세한 기술적 정보가 담겨 있다.

나이절 더닛Nigel Dunnett·제임스 히치모James Hitchmough, 《역동적인 경관: 도심 자연주의 식생의 생태와 관리, 그리고 디자인The Dynamic Landscape: Design, Ecology and Management of Urban Naturalistic Vegetation》, Taylor and Francis, 2007.
'설계된 식물군락designed plant communities'과 이를 어떻게 이용하는지에 관한 폭넓고 상세한 교과서.

요나스 라이프Jonas Reif·크리스티안 크레스Christian Kress·위르겐 베커Jurgen Becker, 《혼돈을 가꾸다Cultivating Chaos》, Timber Press, 2015.
끊임없이 변화하는 역동적 정원의 세계와 그 관리 방법을 소개하는 이상적인 입문서.

올리비에 필리피Olivier Filippi, 《건조정원을 위한 식재디자인 Planting Design for Dry Gardens》, Filbert Press, 2016.
건조지의 식물군락을 정원과 설계된 경관에 적용하는 방법을 안내하는 훌륭한 총괄서. 이 책의 내용은 자연으로부터 참고할 광범위한 사항 중 한 측면에 불과하다. 건조지 식재 분야는 아직도 제대로 개척이 되지 않아 앞으로 활발한 탐구가 이루어져야 할 영역이다.

나이절 더닛Nigel Dunnett·노엘 킹스버리Noel Kingsbury, 《옥상녹화와 벽면녹화 식재Planting Green Roofs and Living Walls》, Timber Press, 2008.
건물에 이루어지는 식재, 말하자면 일반적으로 관수를 적게 하고 비옥도가 낮은 곳에 하는 다양한 식재에 관해 심도 있게 논하는 책이다.

제임스 히치모James Hitchmough, 《아름다움을 심다: 파종으로 디자인하는 꽃 피는 초지Sowing Beauty》, Timber Press, 2017.
씨뿌리기로 만드는 여러해살이 초지와 세계의 초원 식생 유형을 방대하게 아우르는 학술 논문.

존 필립 그라임J. Philip Grime, 《식물 전략, 식생이 만들어지는 과정 그리고 생태계 특성Plant Strategies, Vegetation Processes and Ecosystem Properties》, John Wiley & Sons, 2002(2nd Edition).
식재디자인과 매우 밀접한 관련이 있는 생태 이론을 이해하기 위한 최고의 개론서.

사진 출처

Andy Clayden —— 102쪽 그림
istock/bingdian —— 178쪽
istock/JFspic —— 78쪽 사진2
istock/sololos —— 127쪽
Jan Woudstra —— 62쪽
Jane Sebire —— 18쪽 아래
Karla Dakin —— 34쪽 사진1
Mark Baldwin/shutterstock.com —— 82쪽 사진2·3
Scott Weber —— 182쪽 사진1

역자 후기

자연은 늘 우리 곁에 있지만 바쁜 일상을 살다 보면 그 존재를 잊곤 합니다. 코로나바이러스감염증-19 팬데믹은 그런 자연의 소중함을 다시금 인식하게 해 주었습니다. 자연을 향한 갈망은 집 안에 들이는 작은 화분에서 시작해 우리 주변의 정원으로 확대되고 있습니다. 이에 발맞추어 다양한 식물 서비스가 생겨나고 정원 관련 정책이 속속 발표되며 국제 심포지엄까지 개최되는 등 정원 전문가의 국내외 교류도 활발히 진행되고 있습니다.

하지만 커지는 관심과 기대만큼 수준 높은 정원이 조성되기에는 아직 다져야 할 기반이 많은 것이 현실입니다. 정원디자인이나 정원식물과 관련된 자료만 해도 그렇습니다. 양질의 해외 서적은 무수히 많지만, 국내 자료 특히 도서는 너무나도 미비합니다. 결국 번역서를 통해서라도 양질의 자료를 많이 접할 수 있어야 하지 않겠느냐는 문제의식이 번역자들을 한자리에 모이게 했습니다. 저희는 현재 세계적인 트렌드인 '자연주의 식재'에 주목했고, 이 분야의 대가 나이절 더닛을 소개하게 되었습니다.

이 책의 저자 나이절은 지속 가능하고 아름다운 생태적 관점의 정원과 조경에 관해 끊임없이 고민하는 세계적인 식재디자이너입니다. 그는 2020년 순천 국제정원심포지엄에서 '미래의 자연: 도시의 정원'을 주제로 강연하면서 국내에도 본격적으로 이름을 알린 인물입니다. "Inspired by Nature. Design for People"이라는 그의 모토처럼 삭막한 도시 한가운데 자연을 그대로 옮겨놓은 듯한 그의 정원은 많은 이에게 깊은 감명을 주고 우리 삶을 놀랍도록 변화시키고 있습니다. 이 책으로 그의 경험과 작업 방식을 들여다본다면 생태적 역할을 충실히 수행하며 연중 볼거리가 풍성한 정원을 만드는 일에 한 걸음 더 나아갈 수 있을 것입니다. 또 다양한 생물과 인간이 함께 어우러지는 자연주의적 식재디자인은 정원을 단순한 장식적 공간이 아닌, 우리에게 꼭 필요한 삶의 터전으로 만들어 줄 것입니다. 그리하여 이제는 더 이상 단순한 구성의 일관된 식재 경관이 아닌 자연의 다양성으로 가득한 정원이 우리의 일상이 되기를 기대해 봅니다.

우여곡절 끝에 출간 시점에 이르니 지난했던 번역 과정이 스쳐 지나갑니다. 쉽지 않은 시간이었지만 서로에게 많이 배우고 성장할 수 있는 소중한 경험이었습니다. 그런가 하면 고마움의 연속이기도 했습니다. 출판사와 이어 주고 이 책에 쓰인 여러 개념에 관해 조언해 주신 오세훈 님, 번역 검수를 맡아 준 최경희 님, 작업 과정에서 여러 도움을 주신 이문규 님에게 깊은 감사의 말을 전합니다. 끝으로 정원 분야 책 출판의 선구자인 목수책방을 통해 정원을 사랑하는 독자와 만날 수 있게 되어 영광입니다. 인내와 격려로 출판 전 과정을 동행해 준 목수책방 전은정 대표님에게도 진심으로 감사드립니다.

2024년 1월
번역자 박소현, 박효근, 주이슬, 진민령

찾아보기

일반 용어

ㄱ

가독성legibility 033, 034, 117, 128, 157, 160, 164
강건식물durables 107, 198
건조 식재dry planting 198
건초지hay meadow 048, 053, 088, 154
경계, 가장자리edges, boundaries 082, 085, 097, 102, 122, 128, 130, 214
경쟁식물competitor plants 107
경쟁적 적합성competitive compatibility 146
계절화단 식물seasonal bedding plants 207~208
고산식물alpine plants 109
관리maintenance
    여러해살이풀 관리 244~245
    역동적인 자연주의 식재 관리 176~177, 214
    잡초 관리 228, 230, 234, 236, 240, 241
    초지 관리 241, 243
관목지대shrubland 004, 082, 084, 085, 086, 088, 102, 115
교란disturbance 식물전략이론 참조
교차종cross-over species 098, 122, 130, 210
구불구불한 선meandering lines 096, 117, 122
구성 요소building block 081
구성정원architectural garden 072
구조식물structural plants 069, 075, 117, 131, 152, 205
구조화structuring 077, 099, 112
귀화식물naturalized plants 078
그리닝 그레이 브리튼 캠페인Greening Grey Britain campaign 181
그린 인프라green infrastructure 180, 190
그림 같은 식재디자인painterly planting design 066
기둥(형태의 나무)pillars and columns 085, 115

기술주의적 자연주의technocratic naturalism 065, 069~071, 074, 075, 99, 130
꽃동산flowery mead 060
꽃이 피는 경관flowering landscpae 032, 088
꽃이 피는 초지flowery meadow 036, 039, 048

ㄴ

네덜란드 모더니즘Dutch modernism 056, 065, 072

ㄷ

다간형(줄기가 많은)multi-stem 049, 074, 094, 105, 111, 116, 117, 120, 131, 141, 144, 154, 161, 165, 209, 210, 247
덩굴식물vine and climber 085, 102
덩어리형성종clump-forming plants 146, 147
도시녹화urban greening 052
도시환경urban environments 180
도시화urbanization 179
도시환경 재조합urban recombinant 115
돌출식물emergent plants 101, 128, 146
두해살이풀biennials 107, 138, 141, 148, 149
떼, 뗏장turf 202, 240, 241, 242
    미리 길러 놓은 뗏장pre-grown turf 240
띠무리drift 096, 122, 124, 129
    띠무리의 반복repetition of drifts 101

ㄹ

레인 체인rain chain 192, 225
로제트rosette 109, 151, 231

ㅁ

매스-스페이스 계획mass-space plan 113
매트릭스 앵커matrix anchor plants 132, 134, 154, 210
멀칭mulches 228, 229, 234, 244

모더니즘적 자연주의modernistic naturalism 065, 072~074, 075
몰입적인 경험immersive experiences 103
무게 중심Centre of Gravity (COG) 098~100, 117, 129, 136, 210
무게 중심 군집 양식Centre of Gravity (COG) aggregation pattern 087
무작위 식재법random planting 069, 070, 071, 073, 128, 129, 134, 136, 194, 227
문화적 맥락cultural context 105
미술공예운동Arts and Crafts movement 066, 072
밀도density 060, 087, 094, 098, 099, 100, 149, 230, 231

ㅂ

바닥층floor layer 082~083, 113, 114, 115
바이버리 도로변 실험Bibury Road Verges experiment 050
바이오필릭 디자인biophilic design 180
반복repetition 034, 101, 157, 164, 168
벽층wall layer 084~085, 115
변화gradients 098
볼거리(시각적 흥미)visual interest 024, 053, 093, 136, 138, 147, 163, 171, 183, 200, 231, 232
부지 분석site analysis 112, 113
부지 적절성fitness to site 164
부지 준비site preparation 228~229
분류학적 생태학taxonomic ecology 020
분산dispersion 087
브러시brush 084, 085
블록block 049, 066, 073, 074, 160, 161
비옥도fertility 228, 229
비자생식물non-native plants 049, 050, 052, 079
빗물정원rain garden 184~197

ㅅ

사바나savanna 005, 023, 087, 115
산성 토양acidic soils 108
산울타리hedge 029, 078, 114, 154, 156, 158, 160, 161, 190, 191
삼림 목초지wood pasture 105, 115
상록성evergreen 086, 122, 134, 154, 156, 160, 161, 162, 163, 194, 208, 244

새로운 미국 정원 운동New American Garden movement 050
새로운 여러해살이풀 운동New Perennial Movement 004, 014, 015, 052
색의 분출eruption of color 091
색채의 파동waves of colour 091, 152, 176, 214, 219
색채이론color theory 067, 167
생물계절학phenology 093, 094, 152, 154
생물 다양성biodiversity 102, 164, 179, 184, 190, 244
생물량biomass 106
생물지리학적 식재biogeographic plantings 019, 078
생산성productivity 106~107
생장 형태growth forms 069, 094, 130, 147
생태원예학ecological horticulture 069
생태적 적절성ecological fitness 035
생태조건ecological conditions 050
생태학ecology 129
선구식물pioneer plants 086
설계된 식물군락designed plant communities 049, 176, 248, 252
소림woodland 004~005, 086~087, 115
   경계woodland edges 102, 115, 116, 214
   그늘(빛이 잘 들지 않는, 어두운)dark 086~87, 115
   북아메리카North American 124, 128
   빛(빛이 잘 드는, 밝은)light 086~087, 115
   선구자 유형(초기 소림)pioneer 086, 115
   소림의 야생화 030~031
   층을 이루는layering 087, 094, 113~114
   트렌텀가든 소림정원 122~124
수명이 짧은 여러해살이풀short-lived perennials 138, 139, 141, 149
숭고함sublime 034, 035, 061, 062, 064
숲지붕, 캐노피canopy 005, 081, 086, 087, 094, 122, 152, 158
스크럽scrub 084, 085, 093, 115
스텝steppe 005, 034, 070, 082, 083, 105, 115, 134, 139, 171, 176, 198, 200, 205, 214, 215, 217, 244
스티치 식재stitch planting 142, 145, 148~151
습지대wetlands 082~083, 115, 192~193
시각적 생태학visual ecology 078
시각적 일관성visual coherence 035
시그니처 식물plant signatures 039, 105
식물 구조 유형plant structural types 131
식물 다양성plant diversity 088, 109
식물 사회성plant sociability 069, 099

식물 생태계(식물생태학)plant ecology   051, 097, 106, 129
식물 형태plant form   034, 074, 147
식물전략이론plant strategy theory   106~109, 129
식물조합plant combination   067, 069, 070, 074, 079, 081, 093, 096, 097, 134
식생수로bioswales   184, 186, 194, 195
식재조합plant association   066, 067, 069, 070, 072, 073, 074, 075, 126, 130, 134
씨뿌리기, 파종seeding   146, 147, 230~239
    식재와 함께 진행하는 파종combining with planting   235
    파종 비율sowing rate   236
    혼합씨앗seed mixes   129

ㅇ

안정성stability   106, 107, 109
알뿌리식물(구근식물)bulb   069, 084, 085, 138, 139, 148, 149, 214, 215, 246, 247
앵커식물anchor plant   117, 131~135, 154, 177, 210, 214
영양번식종clonal plants   146, 147
옥상정원roof gardens   198~205
왜림(작업)coppiced(coppicing)   049, 03, 114, 115, 116, 246~247
욕구 단계 이론hierarchy of needs   033, 060
용토growing medium(substrate)   184, 198, 200, 204, 208, 209, 229
위성식물(위성 유형, 위성종)satellite plant   131, 136~137, 210
유니버설 플로 모델Universal FLOW model   075, 128
유랑식물(유랑 유형, 유랑종)free-floating plants   131, 138~139, 141, 210
은신처refuge(cover)   023, 024, 084
이용자 분석user analysis   112
인상주의적 자연주의impressionistic naturalism   065, 066~067, 074, 075

자연주의 식재naturalistic planting   014~015, 024, 033, 034, 035, 062, 076
잡초(잡초 방제)weeds(weed control)   107, 228, 230~231, 234, 236, 240, 244
재배(경작)cultivation   106, 107
재조합recombinant   079, 115
저습지swales   184, 185
저투입 고효과 식재high-impact, low-input planting   021, 052
적지적수right plant, right place   066
적합성compatibility   033, 070, 129, 146~147, 181
전이transition   102
전이대ecotone(transition zone)   097, 102, 103
전통적인traditional
    정원 가꾸기(원예)gardening(horticulture)   028
    식재디자인planting design   035, 054, 131, 152, 164, 173
    색채이론colour theories   067, 167
    정원이나 조경환경garden and landscape setting   106, 109
정형적인formal   028, 060, 066, 114, 157, 158, 160, 161, 164
조망(전망)prospect(sight-lines)   024, 084
조망점viewing points   117
조직 구조organizational structure   126
종 다양성species diversity   072, 109
주변 식생marginal vegetation   082
주변종outliers   099, 129, 136, 210
준자연적인semi-natural   080, 082, 105, 111
중세 정원medieval garden   060
지배식물dominator plants   107, 146
질서order   128~129, 157~165, 190
    색채colour   164, 167
    외부적인external   157~163, 164
    내부적인internal   157, 164
    투명성transparency   173

ㅈ

자가재생internal regeneration   176
자생지(서식처)habitat   005, 019, 035, 050, 054, 062, 066, 069, 107, 198, 164, 225
자연발아self-seed   138, 139, 176, 177, 201, 214, 216, 221, 236, 244
자연발아종seeders   146

ㅊ

차파렐chaparral   084
참조 경관reference landscape   088
참조 군락reference communities   070, 084, 115
천이(연속)succession   086, 094, 176
천장층ceiling layer   086~087

첼시플라워쇼Chelsea Flower Show 062, 128, 181, 184, 225
초본층herbaceous layer 082, 086, 122, 207
    초원grassland 021, 082, 083, 115
    사바나savannah 021, 023, 087, 115
    삼림 목초지wood pasture 115
    생물계절학phenology 093
    식물군락grassland plant communities 021
    층위layering 094
    흐름과 띠무리flows and drifts 096
초지meadow 019, 082, 146~147, 234
    경계boundaries 097, 102~103
    그라스grasses 236
    미리 재배한 초지 뗏장pre-grown meadow turf 240, 241
    생물계절학phenology 093
    식물 생장 형태plant growth forms 147
    식물의 밀도plant density 230, 236
    여러해살이풀 식재 240, 242
    연속 succession 094
    유지·관리maintenance 241, 243
    중국 참조 초지Chinese reference meadow 088~091, 093, 094, 096~101
    토양 비옥도soil fertility 228~229, 243
    파종seeding 230, 232~239
    흐름과 띠무리flows and drifts 096~099
층위 만들기layering 087, 094, 112~114, 124, 131, 152~156
    유니버설 플로 모델Universal FLOW model 128~129
친밀한 공간intimate spaces 022, 024, 084

ㅋ

캐릭터 앵커character anchor 134, 154

ㅌ

터주식물ruderal plants 107
통경선vista 054, 060
통나무 더미log piles 164, 220, 221, 222
투명성transparency 173
틀을 잡아주다framing 157

ㅍ

파동wave 128, 129, 152, 176~177
파종 비율sowing rate 231, 236
팜파스pampas 005, 082
팝업식물pop-up plants 107, 108, 176, 202, 231
포디움 조경podium landscapes 198, 206
포트 묘plug plants 240
프레리prairie 005, 021, 053, 070, 071, 082, 083, 094, 103, 115, 184, 241
프레임워크 앵커framework anchors 131, 210
픽처레스크picturesque 005, 061~071, 157
픽토리얼 메도Pictorial Meadows 018, 036~038, 043, 044, 046, 048, 055, 203, 240
핀보스fynbos 084

ㅎ

한해살이풀annuals 107, 108, 138, 141, 148, 149
    파종seeding 230~231, 236
향상된 자연enhanced nature, nature enhanced 005~006, 035, 036, 060, 066, 088
험프백 모델humpback model 109
혼돈chaos 126
혼합식물(혼합식재, 혼합체)plant mixes(mixing, mixture) 021, 039, 050, 070, 073, 074, 093, 096, 097, 098, 101, 120, 121, 122, 124, 129~134, 146~147, 148, 152, 160, 170, 176, 177, 185, 190, 194, 207, 209, 210, 214, 219, 231, 246
혼합씨앗seed mixes 018, 036, 037, 038, 041, 043, 046, 070, 071, 098, 129, 141, 149, 167, 170, 171, 177, 203, 227, 230~237, 240
확산종spreading plants 146, 147
황무지wasteland 060, 085
회화적인pictorial 053, 055, 066, 157
휴먼 스케일human scale 014, 023, 024, 075, 082, 084
흐르는 듯한 배열flowing sequence 113, 117
흐름과 띠무리flows and drifts 096
히스랜드heathland 053, 054, 055, 066, 082, 084, 108

장소·지명

가든하우스Garden House, Devon, England　131
그레이브타이 매너Gravetye Manor, England　060
그레이트 딕스터Great Dixter, England　028, 067, 141
노스캐롤라이나주립대학교North Carolina State University, Raleigh, USA　050
더브코티지농장Dove Cottage Nursery, Yorkshire, England　167
뒤스부르크Duisburg, Germany　079
런던습지센터 빗물정원London Wetland Centre Rain Garden, England　192~193
레이캬비크 센트럴파크Reykjavik's central park, Iceland　114
레이크 디스트릭트Lake District, Cumbria, England　105
루리가든Lurie Garden, Chicago, USA　073
먼스테드 우드Munstead Wood, England　066
멜버른Melbourne, Australia　198
무어게이트크로프츠Moorgate Crofts, Rotherham, South Yorkshire, England　069, 200
바비칸Barbican, London, England　015, 021, 024, 034, 075, 131, 134, 137, 139, 144, 145, 146, 147, 176, 198, 200, 206~219, 231, 244
버킹엄궁전Buckingham Palace, London, England　162~163
블루리지파크웨이Blue Ridge Parkway, North Carolina, USA　050
샹그릴라香格里拉, 云南省, 香格里拉　048, 088, 091, 093, 094, 096~100
서퍽주Suffolk, England　029, 079
셰필드Sheffield, England　018, 034, 039, 048, 079, 108, 177, 183, 194~197, 202~203, 234
셰필드대학교Sheffield University, England　051~052, 018, 051, 052, 070, 106, 200, 204~205
스콧수목원Scott Arboretum　165
슬라이트홈데일 로지Sleightholmedale Lodge, Yorkshire, England　067
시싱허스트성Sissinghurst Castle, Kent, England　146, 174, 247
싱가포르Singapore　180, 198
중국China　019, 048, 088, 160, 161, 181
암스텔베인 헴파크Amstelveen Heem Parks, Netherlands　054~057, 073, 087
야크페테이서파크Jac P Thijssepark, Amstelveen　054, 064, 114
올림픽파크Olympic Park, London, England　013, 039, 041, 136, 142, 145, 148~151, 153, 154~156, 158, 160, 171, 230, 232, 233, 236~239, 243, 245, 248
우크라이나Ukraine　083
위슬리Wisley, Surrey, England　028, 053
일리노이Illinois, USA　083
존 루이스 빗물 정원John Lewis Rain Garden, London, England　190~191
채츠워스하우스Chatsworth House, Derbyshire, England　061
킹스크로스Kings Cross, London, England　121
트렌텀가든Trentham Gardens, Staffordshire, England　043, 044, 058~059, 068, 071, 073, 108, 122~125, 132, 134, 137, 141, 157, 167, 168, 170, 173, 228, 231, 240
펜실베이니아 정원Pennsylvania garden, USA　111, 146
포틀랜드Portland, USA　183
핏메든Pitmedden, Scotland　060
하우저앤드워스Hauser and Wirth, Somerset, England　074
하이라인High Line, New York, USA　015
핵폴Hackfall, North Yorkshire, England　062

인물·단체

BUS 아키텍처 & BOA BUS architecktur & BOA 169
J.C 롤스턴 J.C Raulston 050
거트루드 지킬 Gertrude Jekyll 050, 066, 073
대럴 모리슨 Darrel Morrison 074, 112
댄 피어슨 Dan Pearson 067, 144
랜드스케이프 디자인 어소시어츠 Landscape Design Associates 141
로잔나 제임스 Rosanna James 067
리처드 페인 나이트 Richard Payne Knight 062
리하르트 한젠 Richard Hansen 069
민 라위스 Mien Ruys 072, 073
볼프강 외메 Wolfgang Oehme 074
사라 프라이스 Sarah Price 067, 136, 153, 154, 158, 160, 162, 171, 248
에이브러햄 매슬로 Abraham Maslow 033
에드먼드 버크 Edmund Burke 062
옌스 옌센 Jens Jensen 074
윌리엄 길핀 William Gilpin 062
윌리엄 로빈슨 William Robinson 066
윌리엄 호가스 William Hogarth 117
유브데일 프라이스 Uvedale Price 062
이디스 에덜먼 Edith Edelman 050, 051
제이 애플턴 Jay Appleton 024
제임스 밴스위든 James van Sweden 074
제임스 코너 필드 오퍼레이션 James Corner Field Operation 015
제임스 히치모 James Hitchmough 019, 039, 052, 053, 070, 071, 112, 142, 158, 160, 171, 230, 232
제임스 힐튼 James Hilton 088
조안 나소어 Joan Nassauer 034
존 루이스 John Lewis 0190
존 홉킨스 John Hopkins 039
카시안 슈미트 Cassian Schmidt 070
칼 포르스터 Karl Foerster 069, 073
캐리 프레스턴 Carrie Preston 056
케이퍼빌리티 브라운 Capability Brown 061, 062, 122
크리스토퍼 로이드 Christopher Lloyd 028
클라우디아 웨스트 Claudia West 069, 252
키스 와일리 Keith Wiley 131
타운센드 랜드스케이프 아키텍츠 Townsend Landscape Architects 158
토마스 라이너 Thomas Rainer 069, 252
토마스 처치 Thomas Church 065
톰 스튜어트스미스 Tom Stuart-Smith 067, 068, 157
파울 클레 Paul Klee 167
페테르 쿤 Peter Korn 228
프리드리히 슈탈 Friedrich Stahl 069
피터 그레이그스미스 Peter Greig-Smith 100
피트 아우돌프 Piet Oudolf 007, 015, 073, 074
필립 그라임 Philip Grime 051, 106, 251
하그리브스 어소시어츠 Hargreaves Associates 039
험프리 렙튼 Humphrey Repton 062

식물

본문에 기재한 식물명(4쪽 '책을 읽기 전에' 참조)이 국가표준식물목록에 등재된 정명과 일치하지 않는 경우 국가표준식물목록의 국명 또는 학명을 괄호 안에 병기했습니다.

ㄱ

가우라 *Gaura lindheimeri*   195
갈기동자꽃 '화이트 로빈' *Lychnis flos-cuculi* 'White Robin'   186
갈리움 몰루고 *Galium mollugo*   170
갈리움 베룸 *Galium verum*   082, 238
개나리속 *Forsythia*   116
개박하속 *Nepeta*   169
골풀 *Juncus effusus*(*Juncus decipiens*)   195
곰취 '더 로켓' *Ligularia* 'The Rocket'   188
공절굿대 '비치스 블루' *Echinops ritro* 'Veitch's Blue'   216
금낭화 *Lamprocapnos* (*Dicentra*) *spectabilis*   124
금방망이속 *Senecio*   094
금영화 *Eschscholzia californica*   108, 138
기생초속 *Coreopsis*   231
긴까락보리풀 *Hordeum jubatum*   171
김의털 *Festuca ovina*   232
깃도깨비부채 '수페르바' *Rodgersia pinnata* 'Superba'   193
꽃냉이 *Cardamine pratensis*   030
꽃돌부채 '로트블룸' *Bergenia* 'Rotblum'   170
꽃톱풀 '문샤인' *Achillea* 'Moonshine'   130
꽃톱풀 '서머와인' *Achillea* 'Summerwine'   168
꽃톱풀 '테라코타' *Achillea* 'Terracotta'   212, 216
꽃톱풀 '파프리카' *Achillea* 'Paprika'   171
꿩의다리속 *Thalictrum*   160
끈끈이대나물 *Silene armeria*   203

ㄴ

나도산마늘 *Allium ursinum*   030
네페타 '돈 투 더스크' *Nepeta* 'Dawn to Dusk'   168, 173
느릅터리풀 *Filipendula ulmaria*   168, 193
능수참새그령 *Eragrostis curvula*   131
니포피아 '그린 제이드' *Kniphofia* 'Green Jade'   205
니포피아속 *Kniphofia*   130, 200, 151
니포피아 '토니 킹' *Kniphofia* 'Tawny King'   171, 216

ㄷ

다이어스캐모마일 *Anthemis tinctoria*(*Cota tinctoria*)   203, 230
단자산사나무 *Crataegus monogyna*   085, 154
단풍버즘나무 London plane trees   162
달맞이꽃 *Oenothera biennis*   029
대상화 *Anemone* × *hybrida*   160
대왕금불초 *Inula magnifica*   193
동의나물 *Caltha palustris*   056, 066, 094
둥근인가목 *Rosa spinosissima*   066
드리오프테리스 왈리키아나 *Dryopteris wallichiana*   124
디기탈리스 *Digitalis purpurea*   221
디프사쿠스 풀로눔 *Dipsacus fullonum*   116
딕탐누스 알부스 *Dictamnus albus*   105
딱지꽃 *Potentilla chinensis*   101
딱총나무속 *Sambucus*   085

ㄹ

램스이어 *Stachys byzantine*   200, 228
러시안세이지 *Perovskia atriplicifolia*   149
레세다 루테올라 *Reseda luteola*   108, 141
로사 글라우카 *Rosa glauca*   120
루나리아 비엔니스 *Lunaria biennis*   049
루드베키아 풀기다 데아미 *Rudbeckia fulgida* var. *deamii*   171, 188, 195, 221, 235, 246
리굴라리아 마크로필라 *Ligularia macrophylla*   093
리베르티아속 *Libertia*   145
리베르티아 포르모사 *Libertia Formosa*   130, 209

ㅁ

마가목속 *Sorbus*   085, 086
마네스카비국화쥐손이 *Erodium manescavi*   139, 201
만병초 rhododendrons   085

매자나무속Berberis 085
매화헐떡이풀 '스프링 심포니'Tiarella 'Spring Symphony' 124, 128
멜리카 킬리아타Melica ciliate 139, 171
모스카타접시꽃 '알바'Malva moschata 'Alba' 168, 173
몰리니아 카이룰레아Molinia caerulea 073
무늬갈대Phragmites communis 'Variegata'(Phragmites australis 'Variegatus') 192
물푸레나무속Fraxinus 086
미국붉나무Rhus typhina 246
미국붉나무 '라키니아타'Rhus typhina 'Laciniata' 246
미국풍나무Liquidambar styraciflua 081
미역취속Solidago 171, 246

ㅂ

바늘새풀 '오워담'Calamagrostis × acutiflora 'Overdam' 205
바늘새풀 '칼 포르스터' Calamagrostis × acutiflora 'Karl Foerster' 134, 144, 160, 161, 192, 194, 196
방울새풀Briza minor 30
배암차즈기속Salvia 145
백합나무Liriodendron tulipifera 165
버드나무속Salix(willows) 085, 105, 114, 246
버들마편초Verbena bonariensis 134, 148, 149, 151, 168, 173
벚나무속Prunus 085, 086, 144
벚나무 '선셋 불러바드'Prunus 'Sunset Boulevard' 207, 209
베니디움 파스투오숨Venidium fastuosum 141
베로니카 오피키날리스Veronica officinalis 093
베르바스쿰 '식스틴 캔들스'(베르바스쿰 카익시 '식스틴 캔들스')Verbascum 'Sixteen Candles'(Verbascum chaixi 'Sixteen Candles') 149, 151
부프탈뭄 살리키폴리움Buphthalmum salicifolium 142
부추속Allium 141, 145, 217, 219, 234
분홍바늘꽃Chamerion angustifolium 107
불란서국화Leucanthemum vulgare 079, 093, 170, 236, 242
붉은장구채Silene dioica 237
붓꽃속Iris 160
브루네라 마크로필라 '잭 프로스트'Brunnera macrophylla 'Jack Frost' 134, 163
블루벨Hyacinthoides non-scripta 030
블루벨 '알바'Hyacinthoides non-scripta 'Alba' 247
비비추 '톨 보이'Hosta 'Tall Boy' 161

비스카리아속Viscaria 151
비스카리아 오쿨라타Viscaria oculate 177

ㅅ

사르코코카 콘푸사Sarcococca confuse 190, 191
사과나무속Malus 085
산당근Daucus carota 151, 238
산딸기속Rubus 085
산분꽃나무속Viburnum 085
살비아 네모로사Salvia nemorosa 082
살비아 네모로사 '메이 나이트'Salvia nemorosa 'May Night' 169
살비아 네모로사 '카라도나'Salvia nemorosa 'Caradonna' 137, 168, 171, 212, 216, 219
삼각니포피아Kniphofia triangularis 148, 195
삼잎국화Rudbeckia laciniata 050
삼지구엽초속Epimedium 124
새매발톱꽃Aquilegia vulgaris 049, 141
새매발톱꽃 '니베아'Aquilegia vulgaris 'Nivea' 205
샤스타데이지 '베키'Leucanthemum × superbum 'Becky' 168, 173, 242
샤스타데이지 '티.이.킬린'Leucanthemum × superbum 'T.E. Killin' 136, 155
서양톱풀Achillea millefolium 170, 232, 236
서양회양목Buxus sempervirens 116
세슬레리아 니티다Sesleria nitida 134, 144, 210, 217
센토레아 니그라Centaurea nigra 093, 236
센토레아 스카비오사Centaurea scabiosa 030, 155, 170, 171, 230
속단속Phlomis 144, 145, 216
솔리다현호색Corydalis solida 055
송이풀속Pedicularis 099
솔잎대극Euphorbia cyparissias 102, 201
수레국화 '블랙 볼'Centaurea cyanus 'Black Ball' 141
수레국화속Centaurea(cornflowers) 044, 231
수키사 프라텐시스Succisa pratensis 134, 155, 188
숲제라늄 '메이플라워'Geranium sylvaticum 'Mayflower' 242
숲제라늄 '알붐'Geranium sylvaticum 'Album' 116
쑥속Artemisia 093
스타키스 베토니카Stachys betonica 093
스티파 칼라마그로스티스Stipa Calamagrostis 132, 136, 137, 144,

154, 155, 173, 248
스티파 펜나타 Stipa pennata   082
스포로볼루스 헤테롤레피스 Sporobolus heterolepis   111, 146
시베리아붓꽃 Iris sibirica   186
시베리아붓꽃 '트로픽 나이트' Iris sibirica 'Tropic Night'   195, 242
시베리아붓꽃 '화이트 스완' Iris sibirica 'White Swan'   242
시시링키움 스트리아툼 Sisyrinchium striatum   170, 200, 219
실라 메세니아카 Scilla messeniaca   174
실레네 불가리스 Silene vulgaris   049
실레네 우니플로라 Silene uniflora   201
실레네 핌브리아타 Silene fimbriata   124, 141
실새풀 Calamagrostis brachytricha   118, 161
실피움 페르폴리아툼 Silphium perfoliatum   094

ㅇ

아네모네 네모로사 Anemone nemorosa   030, 055
아네모네 아페니나 Anemone apennina   174
아르메리아 마리티마 Armeria maritima   195
아마 flaxes   231
아미 Ammi majus   044, 141, 177
아스테르 디바리카투스 Aster divaricatus   122
아스테르 마크로필루스 Aster macrophyllus   235
아스테르 마크로필루스 '트와일라이트' Aster macrophyllus 'Twilight'   122, 124, 171
아스테르 아멜루스 Aster amellus   217
아스테르 '퍼플 돔'(우선국 '퍼플 돔') Aster 'Purple Dome'(Symphyotrichum novi-belgii 'Purple Dome')   130
아스테르 프리카르티 '묀히' Aster × frikartii 'Mönch'   205
안개나무 Cotinus coggygria   101
안드로포곤 게라디 Andropogon geradi   171
알리움 '글로브마스터' Allium 'Globemaster'   139, 149
알케밀라 몰리스 Alchemilla mollis   130
암대극 Euphorbia jolkinii   088, 091, 093, 099
억새 '클라이네 질버슈피네' Miscanthus 'Kleine Silberspinne'   144
연영초속 Trillium   122, 247
에레무루스 스테노필루스 Eremurus stenophyllus   148, 151
에린기움속 Eryngium   167
에우파토리움 히소피폴리움 Eupatorium hyssopifolium   111
에키움 불가레 Echium vulgare   171

예루살렘세이지 Phlomis fruticosa   170
오도라투스산딸기 Rubus odoratus   116
오리가눔 라이비가툼 '헤렌하우젠' Origanum laevigatum 'Herrenhausen'   217
오리나무속 Alnus   086
오리엔탈양귀비 Papaver orientale   149
오리엔탈양귀비 '골리앗' Papaver orientale 'Goliath'   219
오이풀 Sanguisorba officinalis   093, 155
왕관고비 Osmunda regalis   056
우단담배풀속 Verbascum   145, 202
우단동자꽃 '알바' Lychnis coronaria 'Alba'   139, 173, 212
우선국 Aster novi-belgii(Symphyotrichum novi-belgii)   108
원추리 '위치퍼드' Hemerocallis 'Whichford'   188
원추천인국속 Rudbeckia   241, 246
유럽개암나무 Corylus avellana   049, 157, 246, 247
유럽너도밤나무 Fagus sylvatica   158
유럽만병초 Rhododendron ponticum   122
유럽밤나무 Castanea sativa   049, 246
유럽은방울꽃 Convallaria majalis   055
유럽할미꽃 Pulsatilla vulgaris(Anemone pulsatilla)   200, 201, 215
유카속 Yucca   228
유카잎에린지움 Eryngium yuccifolium   111
유포르비아 카라키아스 Euphorbia characias   244
유포르비아 카라키아스 울페니 Euphorbia characias ssp. Wulfenii   131, 137, 144, 145, 170, 210, 216, 217, 221
유포르비아 카라키아스 '험프티 덤프티' Euphorbia characias 'Humpty Dumpty'   207
유포르비아 팔루스트리스 Euphorbia palustris   056, 134, 153, 154, 155
유포르비아 폴리크로마 Euphorbia polychrome   210
으아리속 Clematis   085
이리스 '미세스 로우' Iris 'Mrs Rowe'   188
이리스 불레이아나 Iris bulleyana   019, 091, 099

ㅈ

자작나무 Betula pendula   108
자작나무속 Betula   055, 066, 086, 210
자주천인국 Echinacea purpurea   167, 171, 235
자주해란초 Linaria purpurea   108, 202, 203

자크몽자작나무Betula utilis var. jarcquemontii 209
잔디김의털Festuca amethystina 201
전호Anthriscus sylvestris 049
점등골나물 '퍼플 부시'Eupatorium maculatum 'Purple Bush' 168
제라늄 [로잔](제라늄 '게르바트')Geranium ROZANNE(Geranium 'Gerwat') 242
제라늄 마쿨라툼 '엘리자베스 앤'Geranium maculatum 'Elizabeth Ann' 128
제라늄 마크로리줌Geranium macrorrhizum 116
제라늄 마크로리줌 '핀두스'Geranium macrorrhizum 'Pindus' 163
제라늄 칸타브리기엔세 '세인트 올라'Geranium × cantabrigiense 'St Ola' 163
제라늄 프실로스테몬Geranium psilostemon 246
좀새풀Deschampsia cespitosa 122, 132, 134, 173, 195, 196, 221
좀새풀 '골든 베일'Deschampsia cespitosa 'Golden Veil' 154
주황조밥나물Hieracium aurantiacum 203
준베리Amelanchier lamarckii 120, 207, 209
중국금꿩의다리Thalictrum delavayi 161
중국금꿩의다리 '알붐'Thalictrum delavayi 'Album' 161
중국흰자작나무Betula albosinensis 161
쥐똥나무속Ligustrum 085

ㅊ

차이브Allium schoenoprasum 200, 203
참나무속(참나무)Quercus(oaks) 086, 087, 105, 113, 122
참억새 '그라킬리무스'Miscanthus sinensis 'Gracillimus' 160
참억새 '운디네'Miscanthus sinensis 'Undine' 144, 209, 217
참억새 '질버페더'Miscanthus sinensis 'Silberfeder' 160
참억새 '플라밍고'Miscanthus sinensis 'Flamingo' 160
참취속Aster 079, 201, 241
채진목속 Amelanchier 116, 217
청나래고사리Matteuccia struthiopteris 247
층층나무속Cornus 246

ㅋ

카나비눔등골나물 '플로레 플레노'Eupatorium cannabinum 'Flore Pleno' 196

카마시아속Camassia 234
카르투시아노룸패랭이꽃Dianthus carthusianorum 151, 205
칼케돈동자꽃Lychnis chalcedonica 137, 155, 248
캄파눌라 락티플로라 '로든 애나'Campanula lactiflora 'Loddon Anna' 118, 221
캐나다매발톱꽃Aquilegia canadensis 128
케팔라리아 기간테아Cephalaria gigantea 154, 155
켄트란투스 루베르Centranthus ruber 079, 202
코스모스cosmos 046
크나우티아 마케도니카Knautia macedonica 139, 168, 173, 217
크나우티아 아르벤시스Knautia arvensis 030
크로코스미아 '루시퍼'Crocosmia 'Lucifer' 212
크로코스미아 '엠버글로'Crocosmia 'Emberglow' 171
크로코스미아 '조지 데이비슨' Crocosmia × crocosmiiflora 'George Davison' 188
큰꿩의밥Luzula sylvatica 163
키노글로숨 아마빌레Cynoglossum amabile 091, 099

ㅌ

탈릭트룸 '엘린'Thalictrum 'Elin' 221
터리톱풀Achillea filipendulina 144, 238
터리톱풀 '골드 플레이트'Achillea filipendulina 'Gold Plate' 168
터키대황 '아트로상귀네움'Rheum palmatum 'Atrosanguineum' 141
터키세이지Phlomis russeliana 209
털부처꽃Lythrum salicaria 134, 155, 192
털부처꽃 '치고이너블루트'Lythrum salicaria 'Zigeunerblut' 187, 188
통고아스터Aster tongolensis 098, 099
툴리파 투르케스타니카Tulipa turkestanica 215
툴리파 프라이스탄스Tulipa praestans 215
툴리파 프라이스탄스 '퓨절리어'Tulipa praestans 'Fusilier' 207, 210
티베트벚나무Prunus serrula 141

ㅍ

파라독사에키나시아Echinacea paradoxa 171
파켈리아 타나케티폴리아Phacelia tanacetifolia 108
팔리다에키나시아Echinacea pallida 167, 171
페디쿨라리스 시포난타Pedicularis siphonantha 091

페로브스키아 '블루 스파이어'*Perovskia* 'Blue Spire'   205
페르시카리아 비스토르타*Persicaria bistorta*   019, 091, 116
페르시카리아 비스토르타 '수페르바'*Persicaria bistorta* 'Superba'   242
페르시카리아 암플렉시카울리스*Persicaria amplexicaulis*   160, 246
페르시카리아 암플렉시카울리스 '로세아'*Persicaria amplexicaulis* 'Rosea'   242
페타시테스 히브리두스*Petasites hybridus*   030
푸른아마*Linum perenne*   171
풀모나리아속*Pulmonaria*   124
풀모나리아 '코튼 쿨'*Pulmonaria* 'Cotton Cool'   134
풀협죽도속*Phlox*   122
프리물라 베리스*Primula veris*   050, 200, 201, 215
프리물라 불가리스*Primula vulgaris*   030, 049, 124
프리물라 시키멘시스*Primula sikkimensis*   091
프리물라 엘라티오르*Primula elatior*   055, 247
프리물라 포이소니*Primula poissonii*   088, 099
프리물라 폴리안타 *Primula polyantha*(*Primula* × *polyantha*)   049
프리물라 플로린다이*Primula florindae*   192
플라타너스단풍*Acer pseudoplatanus*   122
플록스 디바리카타*Phlox divaricate*   082
플록스 디바리카타 '클라우즈 오브 퍼퓸'*Phlox divaricata* 'Clouds of Perfume'   128
플록스 필로사*Phlox pilosa*   094
피나무속*Tilia*   086
피뿌리풀*Stellera chamaejasme*   100

흑자작나무*Betula nigra*   111, 165
흰금낭화*Lamprocapnos spectabilis* 'Alba'   124

ㅎ

한라노루오줌 '푸르푸란즈'*Astilbe chinensis* var. *taquetii* 'Purpurlanze'   187, 188
향기제비꽃*Viola odorata*   030, 049, 055
헐떡이풀속*Tiarella*   122
헤스페리스 마트로날리스*Hesperis matronalis*   049
헤스페리스 마트로날리스 '알바'*Hesperis matronalis* 'Alba'   141
헬리안투스 데카페탈루스*Helianthus decapetalus*   082
헬릭토트리콘 셈페르비렌스*Helictotrichon sempervirens*   134, 201, 205, 217
화살나무 '콤팍투스'*Euonymus alatus* 'Compactus'   120
회향*Foeniculum vulgare*   149

아름답고 생태적인 정원을 위한
자연주의 식재디자인

Naturalistic Planting Design
The Essential Guide

글·사진　나이절 더닛 Nigel Dunnett
서문　피트 아우돌프 Piet Oudolf
번역　박소현, 박효근, 주이슬, 진민령

1판 1쇄 펴낸날　2024년 1월 15일

펴낸이　전은정
펴낸곳　목수책방
출판신고　제25100-2013-000021호

대표전화　070 8151 4255
팩시밀리　0303 3440 7277
이메일　moonlittree@naver.com
블로그　post.naver.com/moonlittree
페이스북 인스타그램　moksubooks
스마트스토어　smartstore.naver.com/moksubooks

디자인　studio fttg
제작　야진북스

ISBN　979-11-88806-50-8 (03520)
가격　35,000원

Naturalistic Planting Design - The Essential Guide

Text © Nigel Dunnett
Photographs © Nigel Dunnett unless noted on page 251
Copyrights © 2019 by Filbert Press
Originally published by Filbert Press, England
All rights are reserved.

Korean Copyright © 2024 by Moksu Publishing Co.
Published by arrangement with Filbert Press, England
Through Bestun Korea Agency, Korea
All rights reserved.

이 책의 한국어 판권은 베스툰 코리아 에이전시를 통하여
저작권자인 Filbert Press와 독점 계약한 목수책방에 있습니다.
저작권법에 의해 한국 내에서 보호를 받는 저작물이므로
어떠한 형태로든 무단 전재와 무단 복제를 금합니다.